JN321612

はじめに

　当機構は、平成2年8月に「(財)立体道路推進機構」として設立されて以来、平成12年7月に名称を「(財)道路空間高度化機構」と変更し、立体道路制度、沿道整備に関する事業制度等を活用した良好な道路整備や街づくりなど道路空間の有効かつ高度な活用を図るための総合的な調査研究機関として業務の推進に当たってまいりました。

　ご承知のように、我が国の社会経済は大きな変革期を迎えております。都市においては、都市再生が重要な課題となり、都市の魅力と国際競争力を高め、民間の力を都市に振り向け、都市活動を活性化することが求められています。
　また、都市景観の向上、安全で快適な通行空間の確保、安定したライフラインの実現などの観点から無電柱化の要請も強いものがあります。しかし、既設埋設管が多く輻輳する供用中の道路において、従来からの手法である地中化主体の無電柱化は、建設コストが高いものとなっています。
　一方、土地区画整理や再開発事業にあわせた道路空間の新設・再構築において、先行的に電線類を無電柱化することは、安全で快適な歩行者空間の確保、バリアフリー化の推進、良好な住環境整備などの観点から、都市再生を側面から支える有効な手段であるばかりではなく、計画段階から効率的かつ経済的に無電柱化することができ、コストダウンにもつながります。
　従って、本書では、街づくりの有効な手段の一つである「無電柱化」において、計画段階から効率的かつ経済的に無電柱化することができる土地区画整理や再開発事業などを中心とした「新設戸建住宅地」に着目し、コストダウンにつながる無電柱化の考え方やポイントをまとめたものです。

　本書を作成するに当たって、事例調査などでご協力頂きました民間事業者の皆さまに厚く御礼申し上げるとともに、本書がこれから「新設戸建住宅地の無電柱化」に携わる関係者の方々に少しでもご参考にして頂ければ幸いです。

平成21年10月

財団法人　道路空間高度化機構
理事長　藤　川　寛　之

目 次

Ⅰ 序 編
1 本書の目的 …………………………………………………………………… 3
2 本書の活用方法 ……………………………………………………………… 3
3 各編の概要 …………………………………………………………………… 5

Ⅱ 基礎編
1 新設戸建住宅地における無電柱化の意義 ………………………………… 9
2 新設戸建住宅地の無電柱化 ………………………………………………… 10
 2−1 新設戸建住宅地の特徴 ……………………………………………… 10
 2−2 適用可能な無電柱化方法 …………………………………………… 11
 2−3 コストダウンのための基本的な考え方 …………………………… 15
 2−4 無電柱化整備における留意点 ……………………………………… 18
3 新設戸建住宅地における無電柱化パターン ……………………………… 22
 3−1 無電柱化パターン …………………………………………………… 22
 3−2 設計の考え方 ………………………………………………………… 24
 3−3 無電柱化パターンの概算費用（試算） …………………………… 27
 3−4 無電柱化パターンの特徴 …………………………………………… 30

Ⅲ 設計編
1 区画道路における地中方式の設計 ………………………………………… 37
 1−1 前提条件 ……………………………………………………………… 37
 1−2 基本的な設計の考え方 ……………………………………………… 37
 1−3 各設計段階におけるコストダウンのポイント …………………… 39
2 裏道からの架空方式および地中方式における設計 ……………………… 65
 2−1 前提条件 ……………………………………………………………… 65
 2−2 架空方式 ……………………………………………………………… 65
 2−3 地中方式 ……………………………………………………………… 71
 2−4 裏道の権利の考え方 ………………………………………………… 73

Ⅳ 施工編
1 施工環境 ……………………………………………………………………… 81
2 施工手順 ……………………………………………………………………… 82
 2−1 宅地造成工事の全体工程の中における地中化工事の位置付け … 82
 2−2 電線類地中化工事の施工手順 ……………………………………… 83
3 施工上のチェックポイント ………………………………………………… 93

4　特筆すべき施工上の留意点……………………………………………………………95

Ⅴ　事例編
　関東圏における整備事例の紹介……………………………………………………………101

Ⅵ　資料編
　1　無電柱化推進計画（本文）………………………………………………………………111
　2　無電柱化における電力・通信設備の概要……………………………………………115
　　2－1　無電柱化の構造………………………………………………………………………115
　　2－2　電力の地中設備への変化…………………………………………………………116
　　2－3　通信の地中設備への変化…………………………………………………………118
　　2－4　地中設備以外への変化……………………………………………………………121

Ⅶ　用語集……………………………………………………………………………………………125

I

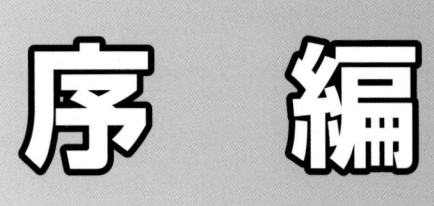

序編

1　本書の目的

　本書は、新設戸建住宅地を対象として、無電柱化を推進するための方策をとりまとめたものである。従来の無電柱化に関する書籍や手引き類などは、既に供用されている道路上にある電柱および電線を当該道路上から無くすための方法を中心に作成されたものであり、既成市街地を中心とした無電柱化の方策を解説したものであったため、新設戸建住宅地の特徴を活かした無電柱化方策の書籍ついては未刊の状況にあった。

　本書で対象としている新設戸建住宅地での無電柱化方策は、計画、設計ならびに施工の各段階においてより高い自由度を有している。本書は、この自由度の高さを最大限に活用して、より安価に無電柱化を行えるようにすること、更には「高質な道路空間」および「良好な住宅環境整備」を実現し、より美しいまちなみの形成に寄与することをねらいとして作成したものである。

2　本書の活用方法

　本書の活用方法として、「Ⅱ基礎編」・「Ⅴ事例編」・「Ⅵ資料編」・「Ⅶ用語集」については、主に新設戸建住宅地の整備に関わる「行政機関」や「開発事業者」を中心とした関係者全般を対象として、初めて新設戸建住宅地での無電柱化に携わる方々にも理解しやすい内容としている。

　「Ⅲ設計編」・「Ⅳ施工編」については、主に「設計者」、「施工会社」、「特殊部・管路の材料会社」および「電線管理者」等を対象として、コストダウン方策に係わる専門的な知識や留意点のみを各検討段階で解説した内容としている。

　本書における各編の関連性は、図1に示すとおりである。

　なお、本書は主に新設戸建住宅地における無電柱化実績の多い関東圏における実績を基にとりまとめたものである。関東圏以外の地域おいては、当該の電力会社、通信会社および放送会社がそれぞれ地域の実情にあった考え方で対応することから、「無電柱化方式」、「配線および配管設計の考え方」、「管路や特殊部などの構造」が異なることが考えられるため、実施に当たって本書については一定の考え方を示す参考図書として理解して活用いただき、具体の詳細については当該地区を担当する電線管理者と十分調整しながら進めることになる。

```
┌─────────────────────────────────┐
│         <Ⅰ序編>                  │
│  本書の目的・各編の概要・活用方法  │
└─────────────────────────────────┘

┌──────────────────┐  ┌──────────────────┐
│   <Ⅱ基礎編>       │  │   <Ⅲ設計編>       │
│                  │  │                  │
│ 新設戸建住宅地に   │  │ 区画道路における  │
│ おける無電柱化の意義│→ │ 地中化の設計     │
│                  │  │                  │
│ 新設戸建住宅地の   │  │ 裏道からの        │
│ 特徴を活かした     │  │ 架空・地中方式の  │
│ 無電柱化          │  │ 設計             │
│                  │  └──────────────────┘
│ 新設戸建住宅地に   │           ↓
│ おける無電柱化    │  ┌──────────────────┐
│ パターン          │  │   <Ⅳ施工編>       │
│                  │  │ 施工環境と施工手順 │
│                  │  │                  │
│                  │  │ 施工上のチェック  │
│                  │  │ ポイント・留意点  │
└──────────────────┘  └──────────────────┘
                    ↓
┌─────────────────────────────────┐
│          <Ⅴ事例編>               │
│  全国における新設戸建住宅地で      │
│  無電柱化された整備事例を統一書式で整理 │
└─────────────────────────────────┘
          ↕                    ↕
┌ ─ ─ ─ ─ ─ ─ ─ ─ ─ <参考資料> ─ ─ ─ ─ ─ ─ ─ ─ ─ ┐
│ ┌──────────────────┐  ┌──────────────────┐ │
│ │  <Ⅵ資料編>        │  │   <Ⅶ用語集>       │ │
│ │ 無電柱化における   │  │ 各種用語解説など   │ │
│ │ 電力・通信設備の   │  │                  │ │
│ │ 概要など          │  │                  │ │
│ └──────────────────┘  └──────────────────┘ │
└ ─ ─ ─ ─ ─ ─ ─ ─ ─ ─ ─ ─ ─ ─ ─ ─ ─ ─ ─ ─ ─ ─ ┘
```

□(オレンジ枠):「行政機関」や「開発事業者」など関係者全般を対象

□(紺枠):「設計者」、「施工会社」、「特殊部・管路の材料会社」および「電線管理者」など関係者全般を対象

図1　各編の関連性

3　各編の概要

本書は、「Ⅰ序編」「Ⅱ基礎編」「Ⅲ設計編」「Ⅳ施工編」「Ⅴ事例編」「Ⅵ資料編」および「Ⅶ用語集」で構成されている。

Ⅰ～Ⅳ編は、実際に新設戸建住宅地で無電柱化を検討する際のガイドラインとして活用できるよう構成されている。

Ⅴ編は、無電柱化の具体事例を掲載し、実際の整備事例を通して、Ⅱ～Ⅲ編に編纂された考え方を盛り込んだ無電柱化設計の有用性を体感できるように作成されている。

Ⅵ編は無電柱化に関する基本的な考え方や設備知識を掲載し、Ⅶ編は用語集として本文中にある各種用語について、編毎の「＊No」に対応し解説されている。

各編の概要は、**表1**に示すとおりである。

表1　各編の概要

編構成	概　　要
Ⅰ　序編	本書の目的、活用方法、各編の概要について解説したものである。
Ⅱ　基礎編	新設される戸建住宅地での開発に併せて無電柱化を行うため、その施工環境が生み出す特徴を上手く活用した無電柱化の検討方法について基礎的な考え方を解説したものである。
Ⅲ　設計編	具体的なコストダウン方策を織り込んだ設計方法について、配線設計から配管設計および特殊部の設計に至るまで解説したものである。
Ⅳ　施工編	具体的な施工環境、施工手順および品質・安全に関する施工上の留意点について解説したものである。
Ⅴ　事例編	戸建住宅地において無電柱化を行った関東圏の整備事例について統一した書式でとりまとめたものである。
Ⅵ　資料編	初めて無電柱化に接する読者のために、無電柱化関連の基礎情報や設備知識をまとめて提供するものである。
Ⅶ　用語集	各種用語について、本文中の赤字＊番号（編毎の通し番号で記載）に対応した形で解説したものである。

II

基礎編

1　新設戸建住宅地における無電柱化の意義

　無電柱化については、昭和61年以降、平成20年度までに計5期に亘る計画を策定し推進されている。平成20年度時点においては、平成16年4月に策定された第5期の「無電柱化推進計画（平成16～20年度）」に基づき、都市景観や防災性の向上、安全で快適な通行空間の確保、歴史的街並みの保全等を図ることなどを目的として鋭意推進中であり、平成21年度以降も継続している。

　この無電柱化推進計画の「無電柱化対象の考え方」では、良好な都市環境・住環境の形成が特に必要な地区においては、主要な非幹線道路も含めた面的な整備を実施することとしており、加えて「無電柱化の進め方」についてもコスト縮減策の一つとして街路事業、土地区画整理事業、市街地再開発事業においては、事業計画の早い段階から同時施工の調整を行い、円滑な無電柱化の実施を図ることを提言している。

　近年、新設戸建住宅地における開発においても、**写真1**に例を示すように開発事業者自らが美しいまちなみを形成するために無電柱化に取り組んでおり、この傾向は拡大基調にある。

写真1　新設戸建住宅地での無電柱化事例

　特に新設戸建住宅地での無電柱化は、街路・画地設計の初期段階から取り組めば、既に供用中の道路で実施されている従来の無電柱化に比べ、画地割と並行した無電柱化の設計が可能となること、既設埋設物[*1)]が無いことから構造寸法などに制約を受け難いこと、施工環境も交通規制のかからない開発地内での昼間施工となること等の面で、設計・施工面において自由度が見込める。このため新設戸建住宅地においては、より経済的かつ効率的な無電柱化が行える側面から、無電柱化の一層の推進と「高質な道路空間」および「住宅環境整備」を実現し、より美しいまちなみの形成に寄与するものと考えられる。

2 新設戸建住宅地の無電柱化

2-1 新設戸建住宅地の特徴

　新設戸建住宅地は、これまで主に無電柱化が進められてきた既成市街地とは異なり、①無電柱化方法選択の自由度、②設計の自由度、③施工の自由度が大きいという特徴（**図1**参照）を有しており、これらの特徴を活かすことで既成市街地と比較すると効率的かつ経済的な無電柱化が可能となる。

　各自由度の解説については、次頁以降に示す。

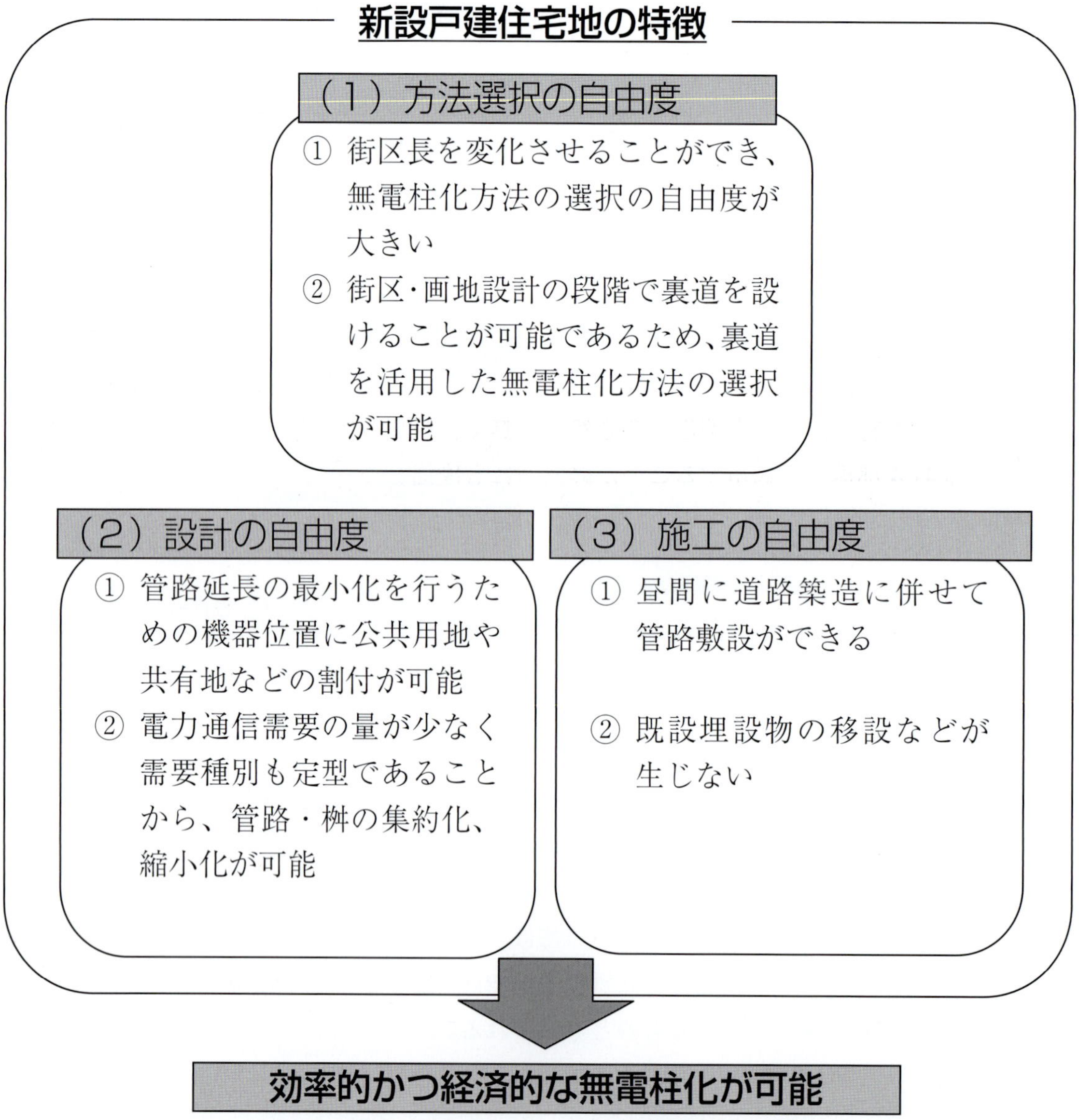

新設戸建住宅地の特徴

（1）方法選択の自由度
① 街区長を変化させることができ、無電柱化方法の選択の自由度が大きい
② 街区・画地設計の段階で裏道を設けることが可能であるため、裏道を活用した無電柱化方法の選択が可能

（2）設計の自由度
① 管路延長の最小化を行うための機器位置に公共用地や共有地などの割付が可能
② 電力通信需要の量が少なく需要種別も定型であることから、管路・桝の集約化、縮小化が可能

（3）施工の自由度
① 昼間に道路築造に併せて管路敷設ができる
② 既設埋設物の移設などが生じない

効率的かつ経済的な無電柱化が可能

図1　新設戸建住宅地における無電柱化の特徴

（1） 無電柱化方法選択の自由度

　無電柱化には、地中化や裏配線などの方法が考えられるが、道路の整備が完了している既成市街地においては、裏道が無い場合は裏配線ができないなど既存の道路配置を前提にした無電柱化方法の選定を行わざるを得ない。

　一方、新設戸建住宅地においては、街区長の設計（街区延長、東西軸もしくは南北軸街区の割付など）や裏道の確保、設計などの自由度の高い段階から設備設計を行うことが可能になることから、既成市街地に比べ、より柔軟に合理的かつ経済的な無電柱化方法の選択が可能となる。

（2） 無電柱化設計の自由度

　新設戸建住宅地においては、街区・画地設計と無電柱化設計の調整に関する自由度が大きいことである。具体的には管路延長の最小化を行うための地上機器[*2)]位置などに、公共用地や共用地などをあらかじめ検討することができる。

　また、市街地の戸建住宅の開発地では、都市計画法上の用途地域が第1種低層住居専用地域[*3)]などに相当し、少ない電力・通信需要（少条数）で、その需要形態も比較的画一化されることから、配線構造も簡素化され、管路や桝など管路構造の集約化が可能となる。例えば電力系および通信系に必要な特殊部[*4)]を極力共用化できる特殊部Ⅰ型（電力線と通信線の離隔確保は厳守）を使用して数量を縮減できる可能性が出てくる。

　さらに、新設戸建住宅地においては道路を築造しながら管路を敷設するため、既設埋設管の支障移設[*5)]は発生しない。このため、支障移設を回避するため既成市街地で使用される幅が極端に狭い扁平な特殊部構造を適用する必然性は無く、むしろ幅は若干大きくなるものの、汎用品で安価な特殊部構造を適用することが経済的にも優位となる。

（3） 無電柱化施工の自由度

　施工段階においても無電柱化設備を安価に構築できる環境を有していることに特徴がある。新設戸建住宅地においては、新たに開発する区域内（開発地内）での道路築造工事に併せて地中化の工事を行うことができるため、既成道路上での工事のように道路交通法に基づく作業時間および作業範囲での制約を受けることなく工事ができ、加えて昼間施工で行うことができる。また、既成道路では既設埋設物などが存在しており、無電柱化工事のために道路管理者の補償により行う支障移設などが発生し費用も増加することになるが、新設戸建住宅地では既設埋設管が無いことから多くの場合、計画どおりの位置に管路を経済的に敷設することが可能となる。

2-2　適用可能な無電柱化方法

　新設戸建住宅地での無電柱化方法としては、以下の（1）～（4）に示す方法が考えられる。（各方法の設備の概要は、「Ⅵ資料編」を参照）

（1） 地中化

　各戸への供給も含め、地上に張り巡らされている全ての電線類を地中に埋設することにより、無電柱化を図るもので、ケーブルを収容する管路と分岐器等の機器を収容する桝（特殊部）で構成される。路上には変圧器などの地上機器が設置される。

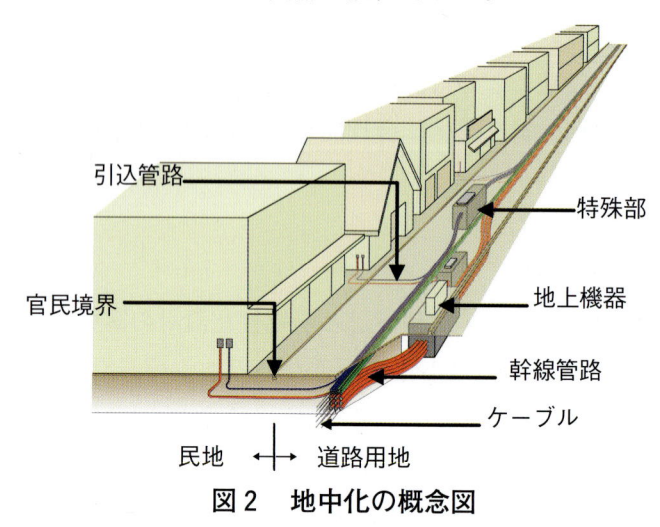

図2　地中化の概念図

（2）　柱状型機器[*6)] 付き街路灯

　道路上に設置する照明柱に、幹線を立ち上げ、照明柱上の柱状変圧器を介して配線する方法である。各家屋へは、戸別に地下などから引き込む。この柱状型機器により、地上機器はなくなるが、供給可能戸数には限界がある。

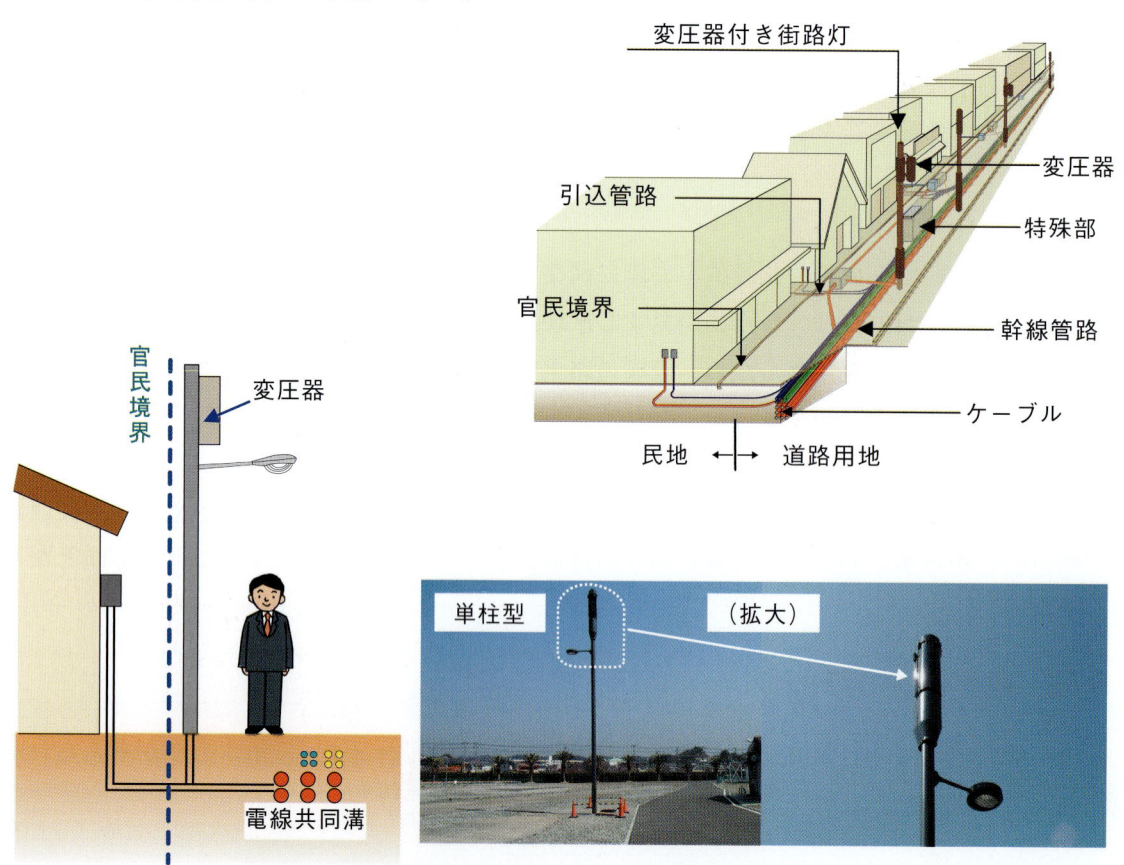

図3　柱状型機器付き街路灯の概念図とそのイメージ

（3） 裏配線

　家屋裏側の道路上に設置されている電柱から架空で配線する方法により、表通りのみを無電柱化するものである。基本的に本方式は、電力会社との協議による。

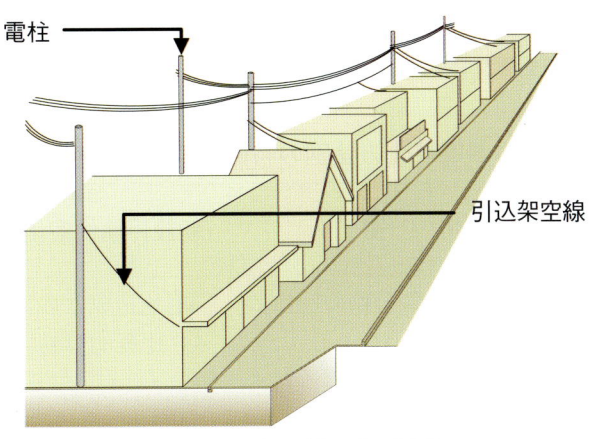

図4　裏配線の概念図

（4） 軒下配線

　幹線*7)は地中化などにより地下収容し、電気技術基準第98条（低圧連接引込線の施設）を遵守しつつ、引込み線のみを軒下配線により数件の家屋へ供給する方法である（ただし、屋内は通過できない）。連担する家屋へは、一軒の家屋へ立ち上げて、家屋の軒下に目立たないよ

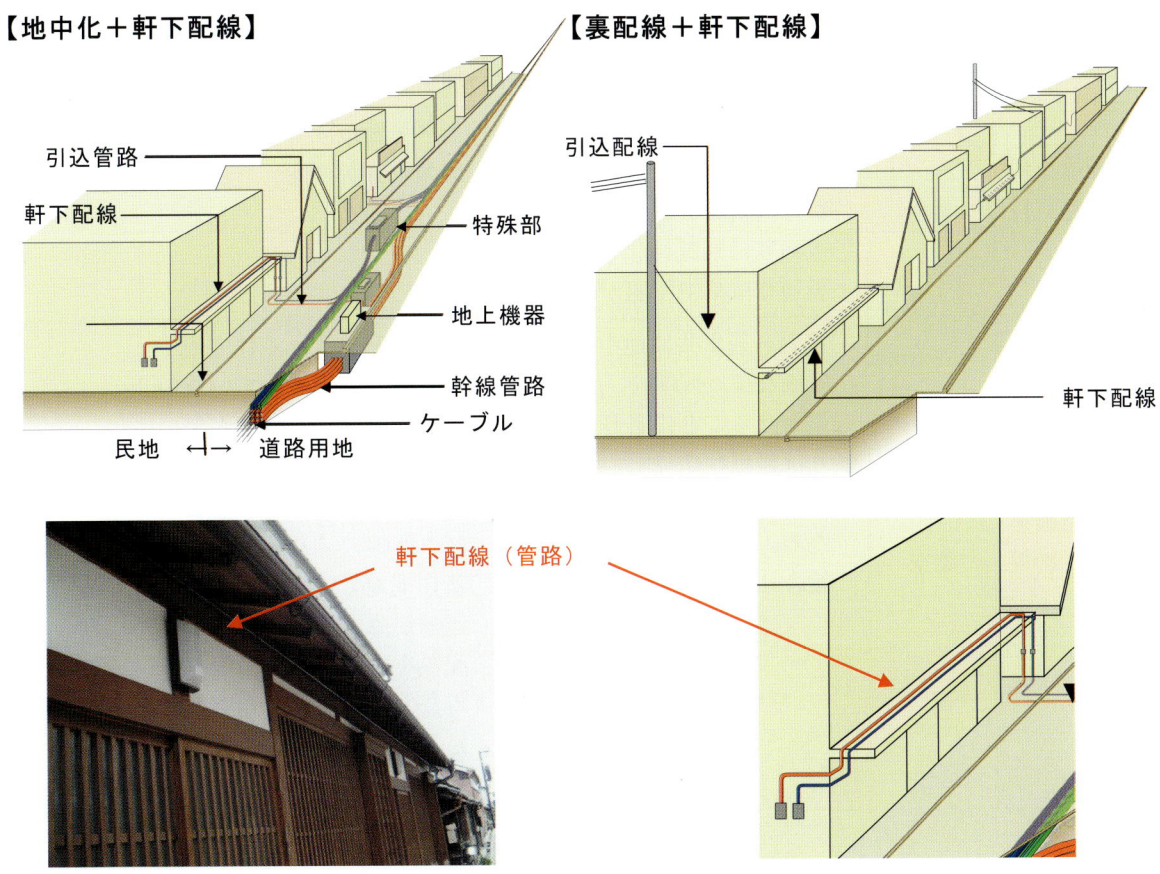

図5　軒下配線の概念図とそのイメージ

う管路・配線を取り付けて数件の家屋まで配線する。なお、幹線については、地中化以外にも裏配線や柱状型機器付き街路灯などと組み合わせることも可能である。

これらの無電柱化方法別の特徴と新設戸建住宅地での適応性を**表1**に示す。新設戸建住宅地における無電柱化方法としては、地中化に加え、裏道を設けることが可能であることから、裏配線も方法の一つとしてあげられる。

表1 無電柱化方法別の特徴および適応性

無電柱化方法	電線類の設置方法	特　徴	新設戸建住宅地での適応性	検討対象
電線類の地中化による無電柱化	地中	○電線類は地中管路の中に設置 ○区画道路に加え周辺道路も地中化 ○地上には、電力・通信共に地上機器のみを設置	○宅地造成との同時施工により比較的容易に埋設可能	○
柱状型機器付き街路灯を用いた無電柱化	地中	○街路灯に景観調和型変圧器である柱状変圧器を設置 ○電線類は電力・通信共に地中管路の中に敷設	○画地内または道路内（歩道が無い区画道路では路肩）に設置が必要 ○現状では、1台の柱状変圧器で賄いきれる需要家数が少ないため、多くの変圧器が必要となり、街路灯が増加する可能性あり	変圧器の容量増大が必要であり、今後の開発動向による。
裏配線を用いた無電柱化	架空	○電力・通信共に地中化より安価な架空設備による裏道からの供給 ○表通りは無電柱化されるが、裏通りは架空配線が残る	○街区・画地設計の段階で裏道の設計が可能	○
軒下配線を用いた無電柱化	架空	○電力・通信共に地中化より安価な架空配線を、軒下に這わせることにより、表通りは無電柱化 ○幹線は、軒下配線できないため、裏配線や地中化との組合せが必要	○新たに開発される住宅地では、家屋が連接していない場合やそもそも軒下が無い場合があり、地中化に比べ、配線延長が長くなるなどの軒下配線のメリットが縮減 ○新住宅地では、居住者間の地縁が薄いため、隣接者の配線を自宅の軒下に配線することに対する合意が得にくくなるなどの居住者間の調整が困難	×

2-3　コストダウンのための基本的な考え方

(1) ケーブル別分離敷設構造

図6の上段については既成市街地における配線概念、下段については新設戸建住宅地における配線概念を表している。

既成市街地については、需要密度が高いビルディング、商店と需要密度が低い戸建住宅が混在して沿道に存在しているため、電力については高圧需要と低圧需要が常に供給できるような配線形態として、両者が並列する方式をとっている。同様に通信についても、高い通信需要の付近まで幹線を持っていかなければならず、結果として幹線と供給線[*8)]が並行して配線される構造となる。

一方、新設戸建住宅地においては、図6の下段に記載しているように、住宅が並ぶ間口側の「長辺方向」とそれと垂直な奥行き側の「短辺方向」がある。ここに需要形態が画一的に決まることが多い戸建の特徴を活用して、距離の短い「短辺方向」に「幹線」を配線し、供給が必要な「長辺方向」に「供給線」を配線する。すなわち幹線と供給線を極力並行させないような機器配置および配線を行う基本概念が必要である。

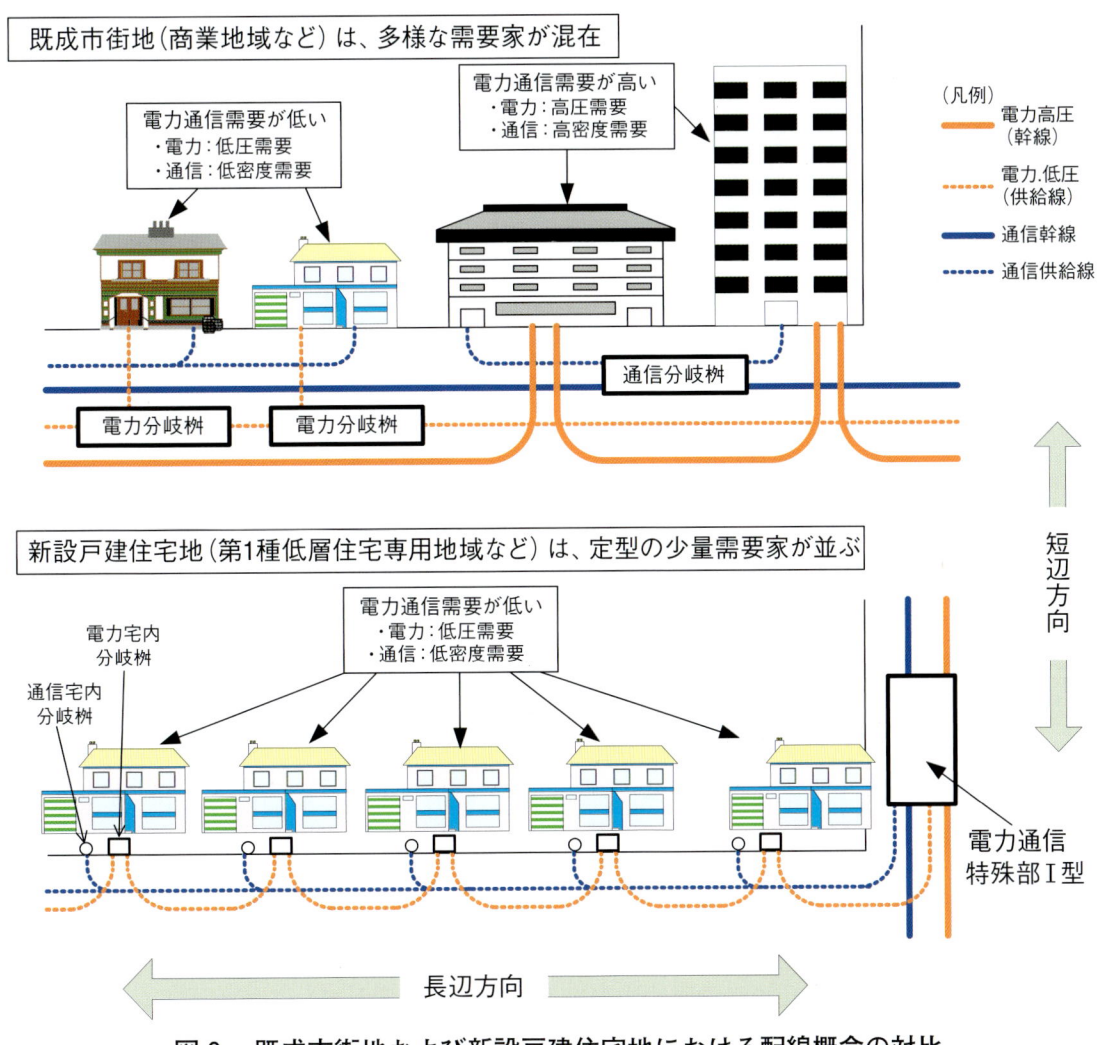

図6　既成市街地および新設戸建住宅地における配線概念の対比

これらのことにより、次の特徴が発生する。

① 幹線と供給線が並行する範囲が短くなりケーブルの総延長および管路総延長が最小化できる。
② 区画道路横断面内における管路敷設条数が、幹線と供給線について区画道路で分かれることで、少なくて済み、区画道路に沿った管路敷設およびそこからの引込管取り出しの施工性が良くなる。
③ 高圧幹線系を可能な限り「短辺方向」に統一化することにより、機器間を直線的に結ぶことができるため、ケーブル引入れに必要となる桝類の削減を図ることも可能となる。

　このような、メリットを発揮するためには、地上機器を幹線沿いに配置するための用地を確保することが重要となる。このため街路・画地設計の段階で、地上機器設置の用地を適切な位置に確保する工夫が必要となる。この際、こうした用地については、緑地、小広場、ゴミ置き場および公共施設用地の一部を活用できるように検討していくことは、コストダウンの観点から重要である。
　ただし、このような配線設計は、電力供給量の系統計算や通信・放送量の増加など高度な設計スキルが必要となることから、最終的には当該地区で恒久的に供給責任を預かることになる電線管理者との連携が極めて重要になる。
　電力および通信共に、上述した同様な考え方による配線設計等を行うことにより、電力および通信のそれぞれに必要な特殊部を同じ位置に配置でき、特殊部Ⅰ型の採用が図れる可能性が高くなる。このように、電力線と通信線の離隔確保を厳守の条件で特殊部の共用化を検討していくことは、効率的な設備形成を推進する観点から極めて重要な事項となる。

（2）　特殊部の構造
a）　電力・通信共用の特殊部Ⅰ型の採用
　電力および通信の幹線・供給線は、（1）に記述した分離敷設構造を念頭においた配線設計を行うことにより、幹線と供給線の境界に位置する通信のペデスタルボックス*9)が電力の地上用変圧器位置と同様な場所に配置できる可能性、および通信のタップオフ*10)やクロージャ*11)などの設置が電力の特殊部と同様な位置に配置できる可能性が高くなり、電力および通信がそれぞれに必要とする特殊部が共同収容できる特殊部Ⅰ型採用の可能性も発生してくる。
　電力線と通信線の離隔確保を厳守する条件で共同収容の視点は、新設戸建住宅地に限ったものではなく、特殊部を集約化させコストダウンを図る上で重要である。
　図7に示すように既成市街地においては、特殊部に電力・通信を共同収容させるためにⅠ型を採用すると、特殊部の幅が大きくなるため、既設埋設物の支障移設の可能性が大きくなり支障移設費用が増大し、トータル工事費としてコストアップしてしまう危険性が生じる場合も発生する。このため既成市街地においては、電力と通信の特殊部を分離させることにより特殊部をコンパクト化・分散化させて既設埋設物の隙間を縫って設置している事例が多い。
　一方、新設戸建住宅地においては、既設埋設物が無いことから、共同収容による集約化が容

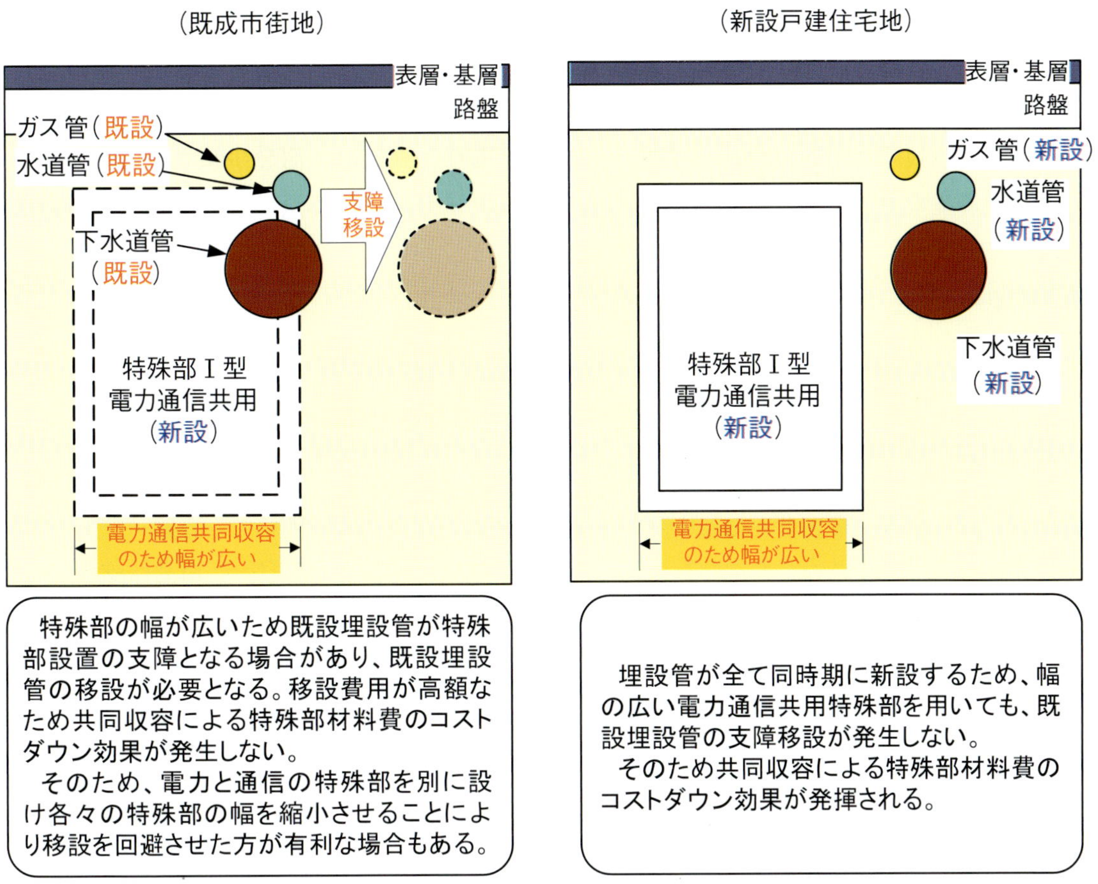

図7　既成市街地および新設戸建住宅地における共用特殊部Ⅰ型の得失

易になり、コストダウンが可能になると共に、集約化により一箇所当たりの特殊部が多少大きめになっても設置可能な状況となる。加えて、新設戸建住宅地においては、道路築造段階に併せて特殊部を設置することから、特殊部サイズの増大による土工事の増大費用は極めて少ない。これらのことから新設戸建住宅地における特殊部での電力・通信を共用化させるⅠ型の採用は、実現性の高い状況にある。

b）　特殊部への汎用品の適用

　新設戸建住宅地では既設埋設物が存在しないことから、既成市街地における既設埋設物の支障移設回避のために開発された、幅が極端に小さい扁平となる特殊構造となる高価な特殊部を使用する必要は無く、加えて、多少幅が大きい汎用品を使用することによって増加する土工事量についても単価が安価であるためコストアップへの影響が極めて小さいと考えられる。したがって、従来から歩道幅の広い（既設埋設管の支障移設をあまり気にする必要の無い）場所で適用され、汎用品を用いた安価な特殊部を適用することが可能となる。

2-4　無電柱化整備における留意点

（1）地中線供給における留意点

　これまで行われてきた新設戸建住宅地における無電柱化手法は、開発事業者が電力事業者および通信事業者のそれぞれに対して、個々に供給契約を申し込む時点で、地中線での供給を要請する方法で行われてきている（地中線供給方式*12)）。

　電力においては、地中線供給方式における設備の建設者、建設費用の負担者、および設備の所有者についての考え方は、表2のとおりである。

表2　地中線供給方式の役割分担（電力の場合）

設備の建設者	建設費用の負担者	設備の所有者
管路・ケーブル機器共に、要請に基づき、電力会社が建設	要請者から架空配電設備（標準設計に相当）で供給できるにもかかわらず、地中配電設備を施設する場合、架空配電設備をこえる金額に消費税等相当額を加えた金額」を、電力会社が要請者に負担金として請求	管路・ケーブル機器共に設備の所有および占用も電力会社

　通信においては、電力の地中線供給方式に相当する方式について、特別な名称は定められていない。NTTについては、NTT東日本およびNTT西日本の「電話サービス契約約款*13)」によれば、「管路等の特別な設備を希望するときは、自己の負担により行う」旨が記載されていることから、上述した電力と基本的には同様な概念にあることが理解される。すなわちNTTの場合については、表3のようになる。

表3　地中線供給方式の役割分担（NTTの場合）

設備の建設者	建設費用の負担者	設備の所有者
管路・ケーブル機器共に、要請に基づき、NTTが建設	管路等の特別な設備を希望するときは、要請者の負担	管路・ケーブル機器共に設備の所有および占用もNTT

　表2、表3のように、これまでの地中化方式の課題は、電力および通信についてそれぞれ電力会社、通信会社に個々に地中化を要請していることから、設備建設も電線管理者毎に行われることになり、共同収容の視点・構造とはならないことである。

（2）管路構造における留意点

　電力・通信共用特殊部Ⅰ型の採用は、（1）に記述した地中線供給方式では、個々の企業が自らの設備を別々に作るために、実現化は不可能な状況になる。そのため工事費も割高になってしまう状況となる。

　この課題を解決するためには、コストの主要を占める特殊部や管路などの管路構造を切り離して、開発者側が検討を行える形にしなければならない。そのためには、管路構造を区画道路と共に当該行政に受け取ってもらう必要があり、行政に移管が可能になることにより、電線共同溝もしくは公共管路*14)のスキームが適用可能となる。

具体的には、開発事業者が当該行政や電線管理者との調整を行うことにより、当該行政および電線管理者の理解を得た共同収容的な管路構造を構築し、各々の電線管理者が入線する方式を実現化するものである。この手法では、開発事業者の調整業務などの手間は増えるものの、合理的・経済的な無電柱化設備を構築することが可能になるという特徴を有している。

そのためには、次に示す調整業務を経なければならない。

a） 関係者間の調整

開発の中で構築した区画道路下に埋設する地中設備（管路・桝系設備）については、共同収容的な管路構造とすることが前提ではあるが、更に財産の扱いで、電線共同溝相当（道路の付属施設）と公共管路相当（普通財産相当）のケースが発生してくる。いずれの場合にしても先ずは当該行政に移管してもらえるか等を協議し、了承を得ることが重要となる。

電線共同溝相当または公共管路相当のどちらで移管を受け付けるかについては、移管可否、諸手続きも踏まえて、地中設備が敷設される区画道路の移管先である当該行政（この場合は道路管理者）が判断することとなる。

既往事例では、電線共同溝相当として移管を受ける場合と公共管路相当として移管を受ける場合が確認される。

道路行政面からみれば地中化後、将来に亘り上空制限が課せられる電線共同溝として出来上がるのが望ましいものの、現状の電線共同溝法が既成道路での無電柱化を前提に法制化[*15]されているため、新設戸建住宅地の開発地のように区画道路として認定される前に、見かけの電線共同溝として手続きを行わなければならないなど、手続きの複雑性、困難性が存在している。このため相対的に手続きが容易な公共管路相当が移管方法として当該行政に選択される可能性があることも否めない。

図8に、前述した地中線供給方式と公共管路相当および電線共同溝方式の調整検討段階での位置付けを示す。

当該行政への移管調整に併せて、一方では、電線管理者との合意形成についても必要となる。電力、通信（NTT、CATVなど）の関係企業への申し入れ、共同収容のための協議などを経て合意形成を行う必要がある。特に特殊部の種類や位置、管路条数などの管路構造や管路線形など完成後にケーブル引入れ段階において、ケーブルが引き入れられないなどの事例が見られることからも十分な協議を行う必要がある。

b） 費用負担の考え方

開発事業者など地中設備を要請する者は、地中設備に入線する電力・通信会社などの電線管理者と調整を行い、その結果を踏まえ配線設計および配管設計を電線管理者と協議しながら実施し、最終的に電線管理者の了解を得る。その後、ケーブルや機器類の負担金算定を電線管理者に依頼し支払うこととなる。

入線用の「管路」および「桝類の特殊部」等の管路構造については、開発事業者など地中設備を要請する者が自己負担にて整備し、最終的には当該行政に移管することになる。

以上が原則的な費用負担方法であるが、今後、新設戸建住宅地において無電柱化を円滑に推

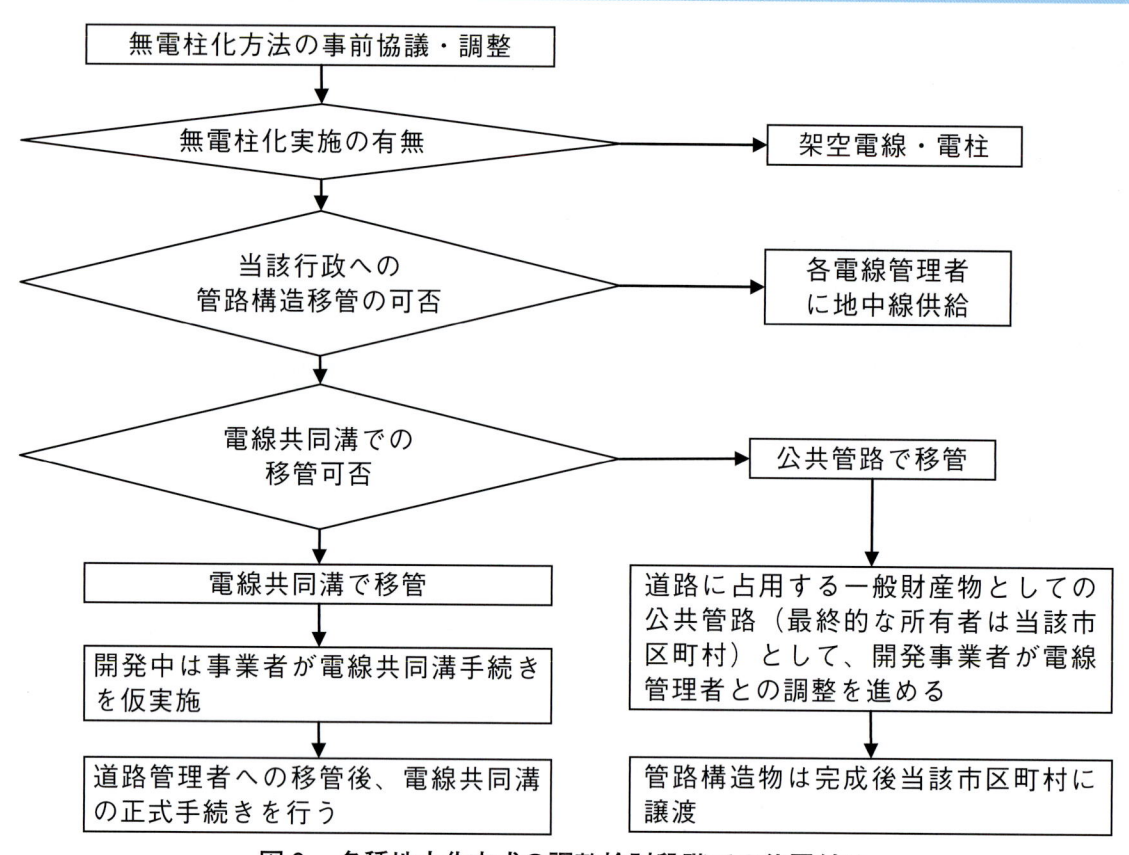

```
         ┌─────────────────────────┐
         │ 無電柱化方法の事前協議・調整 │
         └─────────────┬───────────┘
                       ▼
              ◇無電柱化実施の有無◇──────────→┌──────────────┐
                       │                    │ 架空電線・電柱 │
                       ▼                    └──────────────┘
              ◇当該行政への         ◇──────→┌──────────────┐
               管路構造移管の可否             │ 各電線管理者   │
                       │                    │ に地中線供給   │
                       ▼                    └──────────────┘
              ◇電線共同溝での       ◇──────→┌──────────────┐
                移管可否                    │ 公共管路で移管 │
                       │                    └──────┬───────┘
                       ▼                           ▼
         ┌─────────────────────┐      ┌────────────────────────┐
         │ 電線共同溝で移管     │      │ 道路に占用する一般財産物  │
         └──────────┬──────────┘      │ としての公共管路（最終的な │
                    ▼                 │ 所有者は当該市区町村）として、│
         ┌─────────────────────┐      │ 開発事業者が電線管理者との │
         │ 開発中は事業者が電線  │      │ 調整を進める              │
         │ 共同溝手続きを仮実施  │      └──────────┬─────────────┘
         └──────────┬──────────┘                 ▼
                    ▼                 ┌────────────────────────┐
         ┌─────────────────────┐      │ 管路構造物は完成後当該市区 │
         │ 道路管理者への移管後、│      │ 町村に譲渡               │
         │ 電線共同溝の正式手続き│      └────────────────────────┘
         │ を行う               │
         └─────────────────────┘
```

図 8　各種地中化方式の調整検討段階での位置付け

進するためには、開発事業者にインセンティブを与える助成制度の創設なども必要となるであろう。

一方、裏配線方式の費用負担の考え方は、各電線管理者によって実施可否も含めて異なるため、計画段階からの電線管理者との協議が必要となる。

c) 維持管理の考え方

新設住宅地で地中化を行った場合の維持管理は、**図 8** に示す各種地中化方式、すなわち「地中線供給」、「電線共同溝」および「公共管路」の各方式によって維持管理主体および維持管理方法が異なる。維持管理方法は、既に各々の方法において確立されており、新設戸建住宅地における地中化の建設推進方策を記述する本書の目的から見て維持管理の詳細については、既往の維持管理事例や手引き類などに譲ることとする。ここでは維持管理の概要を方式毎に次に記述する。

「地中線供給」は、管路構造およびケーブル・機器共に、各電線管理者の道路占用物件としての所有物になる。そのため維持管理も各電線管理者が自社の道路占用を行っている設備として維持管理を行う。

「電線共同溝」は、管路構造物については道路付属物、ケーブル・機器については各電線管理者の道路占用物件となり、現行の電線共同溝における維持管理の考え方が適用される。

「公共管路」は、開発事業者が道路管理者を含む当該行政や電線管理者の理解を得た上で、電線共同溝と同様の構造を整備するものの、その管路構造については当該行政が所有する道路

占用物件として、同行政に移管する手法である。開発事業者と当該行政の責任で、当該行政が了解する保守維持管理項目（自治体管路方式で行われている保守維持管理項目が参考になると思われる）を作成し、当該行政に移管後に同行政が管理を実施する。公共管路は、電線共同溝のような細かな取決めがないことから、設計、施工、管理運用および費用負担などについて、開発事業者、当該行政および電線管理者などとの綿密な協議が必要になる。

3 新設戸建住宅地における無電柱化パターン

3-1 無電柱化パターン

新設戸建住宅地に適する無電柱化方法として、「地中化」と「裏配線」を基本とし、経済的な電線類の設備形態や配置を考慮しながら、道路景観上阻害とならないような方式を抽出すると、次の4パターンが考えられる。4パターンの概要図を、**表4**および**図9**に示す。

表4　新設戸建住宅地において適切と思われる無電柱化パターンと概要

完全地中化パターン1	完全地中化パターン2
幹線ケーブル・供給線共に表側の区画道路で地中方式 コストダウンを狙いとして、管路延長を短くさせることを意図している。 ②～④についても地中方式の部分については同様な考え方になっている。	幹線を表側の区画道路で地中方式、供給線を裏道[*16)]で地中方式 裏道は、道路法上の道路になるのか、それ以外の通路になるのかによって、管路の土被りが異なる。表側の区画道路では、道路法上の道路になることから土被りが舗装厚＋30cm（最低でも60cm）確保しなければならない。それに対して、通路では、道路として道路管理者に移管することはできないが、土被りを浅くすることによるコストダウンも可能となる。本ケースでは、裏道を通路として土被りが浅くできることを想定し検討している。
架空併用パターン1	**架空併用パターン2**
幹線を表側の区画道路で地中方式、供給線を裏道で架空方式とし電力用変圧器として地上機器を採用した場合 裏配線では、裏道が表側の区画道路から見えにくいことから、景観上問題とならない。その特徴を利用して、裏道の隠れる部分に安価な架空方式を活用するものである。加えて、変圧器も地上用を採用することから、電柱の長さが地上高で8m（全長10m）の短いものでの架空方式となる。	幹線を表側の区画道路で地中方式、供給線を裏道で架空方式とし電力用変圧器として柱上変圧器を採用した場合 「架空併用パターン1」との違いは、変圧器を「地上用」から「柱上用」に替えたところである。「架空併用パターン1」に比べ、裏道の入り口に当たる街区両端に、柱上変圧器を載せる地上高12m（全長14m）の電柱が建つ為、景観は部分的に損なわれるが、変圧器などの費用が縮減できる。

Ⅱ 基礎篇

<完全地中化パターン1>
主な特徴：電力・通信線共に、幹線については街区短辺方向に、電力・通信線の区画道路に沿って、供給線については街区長辺方向に、地中埋設し供給する方式

☒ 地上用変圧器　━━ 電力幹線（地中）　━━ 通信幹線（地中）
□ 分岐桝　　　　---- 電力引込線（地中）　---- 通信引込線（地中）
□ 通信桝

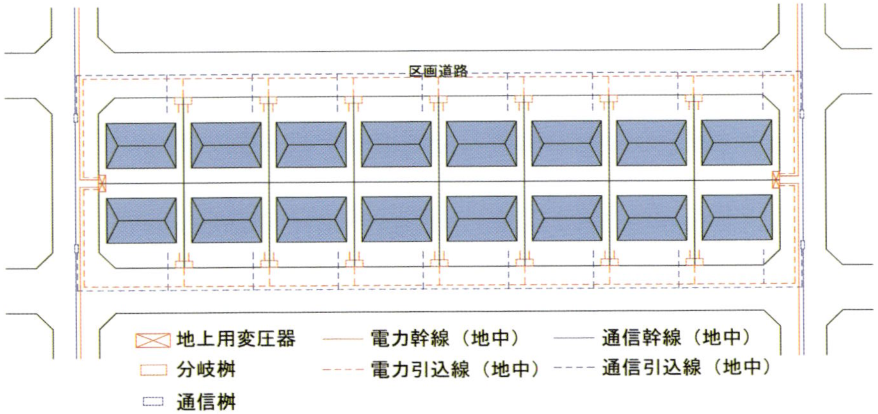

<完全地中化パターン2>
主な特徴：電力・通信線共に、幹線については街区短辺方向に、供給線については街区長辺方向に、幹線については街区短辺方向に、供給線については裏側の通路（構造によっては道路）に沿って、地中埋設し供給する方式

☒ 地上用変圧器　━━ 電力幹線（地中）　━━ 通信幹線（地中）
□ 通信桝　　　　---- 電力引込線（地中）　---- 通信引込線（地中）

<架空併用パターン1>
主な特徴：電力・通信線共に、幹線については街区短辺方向に地中埋設する方式、供給線については裏側の通路（構造によっては道路）に沿って、架空供給する方式。変圧器は地上用いるため電柱高さを低く抑えられる。

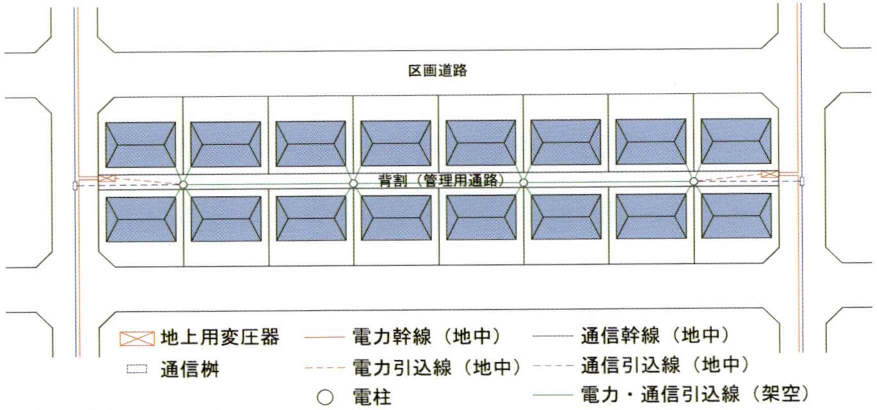

☒ 地上用変圧器　━━ 電力幹線（地中）　━━ 通信幹線（地中）
□ 通信桝　　　　---- 電力引込線（地中）　---- 通信引込線（地中）
○ 電柱　　　　　━━ 電力・通信引込線（架空）

<架空併用パターン2>
主な特徴：電力・通信線共に、幹線については街区短辺方向に地中埋設する方式、供給線については裏側の通路（構造によっては道路）に沿って、架空供給する方式。変圧器は柱上用いる。両側に2本の電柱は変圧器が載るため長尺柱。

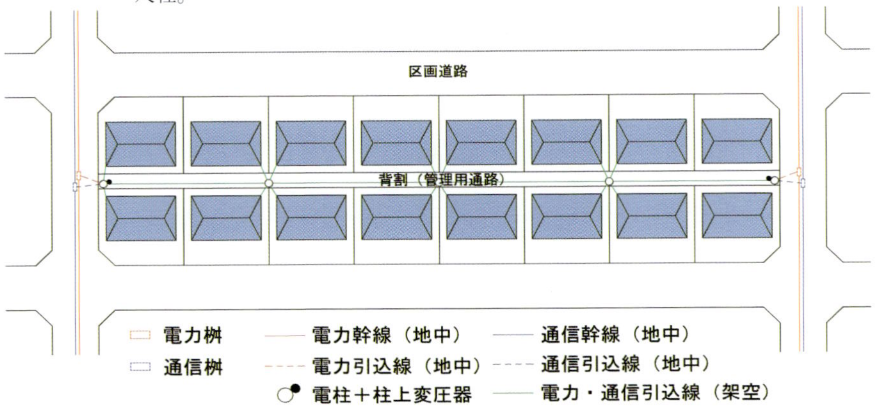

━━ 電力幹線（地中）　━━ 通信幹線（地中）
---- 電力引込線（地中）　---- 通信引込線（地中）
● 電柱＋柱上変圧器　━━ 電力・通信引込線（架空）

図9　新設戸建住宅地における無電柱化パターン

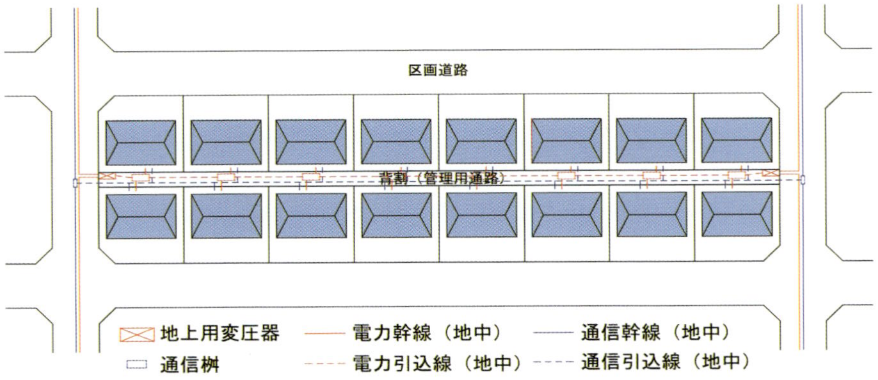

注釈）完全地中化パターン図は、モデルのイメージであり、引込管路部の詳細については施工編を参照

23

3-2 設計の考え方

（1） 基本的な考え方

設定した4パターンに共通する設計上の基本的な考え方を以下に述べる。

① 区画道路内における地中配線延長の短縮化については、距離の短い「短辺方向」に「高圧幹線」を配線し、供給が必要な「長辺方向」に「低圧供給線」を配線する方法とし、両者を同一区画道路内に並行して配置させない。

② 電力通信共用特殊部Ⅰ型を採用することにより、特殊部全体の個数縮減を試みる。

③ 宅内桝[*17]の採用については、各戸への電力・通信供給に必要な分岐桝は、道路内に設置される場合に比べて、交通荷重条件などが特に無く、経済的な画地内配置を採用する。

④ 地上変圧器の位置については管路延長の短縮化が図れる位置とする。なお、新設戸建住宅地の開発においては、多くの場合、区画道路は歩道の無い6m幅になることから、道路上に地上用変圧器を配置することは困難である。このため、宅地、共有地あるいは公共施設用地などの部分を活用して配置する。

（2） 裏道の考え方

裏配線とする場合の裏道については、開発計画の立案に際し、歩行者専用道路、緑道あるいは通路などの必要性の有無によって、先ずその設置が判断されることになる。歩行者専用道路などが整備される場合は、それを裏道としてそこに供給線を設置すると共に維持管理用通路としての機能を持たせることが可能である。一方、特に無電柱化のために裏道を設けなければならない場合においては、裏道を確保することに伴う総宅地価額によって生じる土地評価額の減額分[*18]や無電柱化に伴う付加価値の増加分等を勘案しながら、設置するかどうかを検討することになろう。

a） 裏道に必要な幅員・構造

電線および機器類の点検、改修および緊急時の早期復旧に必要な維持管理用通路幅として裏道に求められる最小限の幅は、裏道に設置される設備によって**表5**のようになる。

表5の架空併用パターン1および2の①、②に述べたように、電線および機器類の点検、改修および緊急時の早期復旧に必要な管理用通路幅として裏道に求められる幅は、裏道に設置される設備によって異なる。

街区長が長くない場合（両端に設置した地上変圧器によって街区内の各戸へ供給可能な場合）、裏道の端部（高所作業車で維持管理が可能な範囲）に置く変圧器を区画道路上から維持管理することができ、裏道には供給線のみ設置することで供給が可能となる。このため、裏道内に設置する電柱の高さも低く供給線のみの（地上高約8m）維持管理となることから必要な裏道幅は、**図10**に示すように1m以上となる。

一方、街区長が長く裏道の中間に変圧器を設置する必要がある場合は、裏道中央に柱上変圧器が装備される電柱が配置され、そこまで幹線（電力の場合、高圧線）が導入される。このた

表5　裏道に求められる最小限の幅

パターン名称	完全地中化パターン	架空併用パターン1 および 架空併用パターン2	
裏道に求められる最小限の幅	裏道1m以上（裏道には供給線のみ）	裏道1m以上（裏道には供給線のみ）	裏道3m以上（中間に柱上変圧器を設置）
	供給線を裏道に埋設するケースとなる。裏道に必要な幅員は、裏道幅に供給線の管路設備を埋設できる幅と、維持管理における作業空間確保のための幅から、最低1m以上必要となる。 この他に、配線、配管および分岐桝のレイアウトと構造について電線管理者と十分に協議しておく必要がある。	裏道に設置される設備が供給線（電力の場合は低圧線）のみの場合は、裏道の途中に変圧器が設置されないことから、変圧器取替などの維持管理のために作業車を裏道に入れる必要が無くなり通路幅は狭めることができるものの、維持管理における作業空間確保のための幅から、最低1m以上必要となる。	裏道に設置される設備が供給線のみでは済まない、すなわち供給線のみで街区長辺方向に亘り裏道端部に配置した変圧器で送りきれない場合は、裏道の中間に変圧器を設置して供給しなければならなくなる。加えて、そこまで幹線（電力の場合は高圧線）も裏道に引き込む必要が生じ、変圧器取替などの維持管理のために作業車を裏道に入れる必要が生じる。 このため変圧器および高圧線の維持管理の必要性から、最低3m以上必要となる。

め、柱上変圧器が装備される電柱と、そこまで高圧線を引き込むための電柱については、高い電柱（地上高約12m）となる。高圧線は事故時の場合、停電範囲が広域に亘ることから緊急復旧が極めて重要な責務となる。このため、高い位置にある柱上変圧器および高圧線の点検、改修および緊急時の早期復旧に必要な高所作業車の搬入を考慮した舗装構造と幅員が必要になる。このうち幅員についての考え方は以下のとおりであり、管理用通路として必要となる幅員は最低3m以上（アウトリガーを両側に張り出す場合は4m以上）となる。

（裏道に高所作業車が進入する際の必要幅の考え方）
　{（車両幅2m）＋（電柱径0.3m）＋（容易に搬入できるための余裕幅 α)}
$$= 2.3m + \alpha \fallingdotseq 3$$

（裏道で高所作業車がアウトリガーを張り出し作業する場合の必要幅の考え方）
　電柱が裏道の片側だけに設置されていると仮定。作業車を電柱と反対側に止め、電柱側にアウトリガーを片側のみ張る場合は維持管理に幅3m必要。両側張る必要があれば4m必要。アウトリガーを張る必要がある区間は高圧線を架線する高い電柱（地上高約12m）の区間となる。

・建築基準法上の道路：幅員4m以上（参考法令：建築基準法第42条）
・歩行者専用道路：幅員2m以上（参考法令：道路構造令第40条）

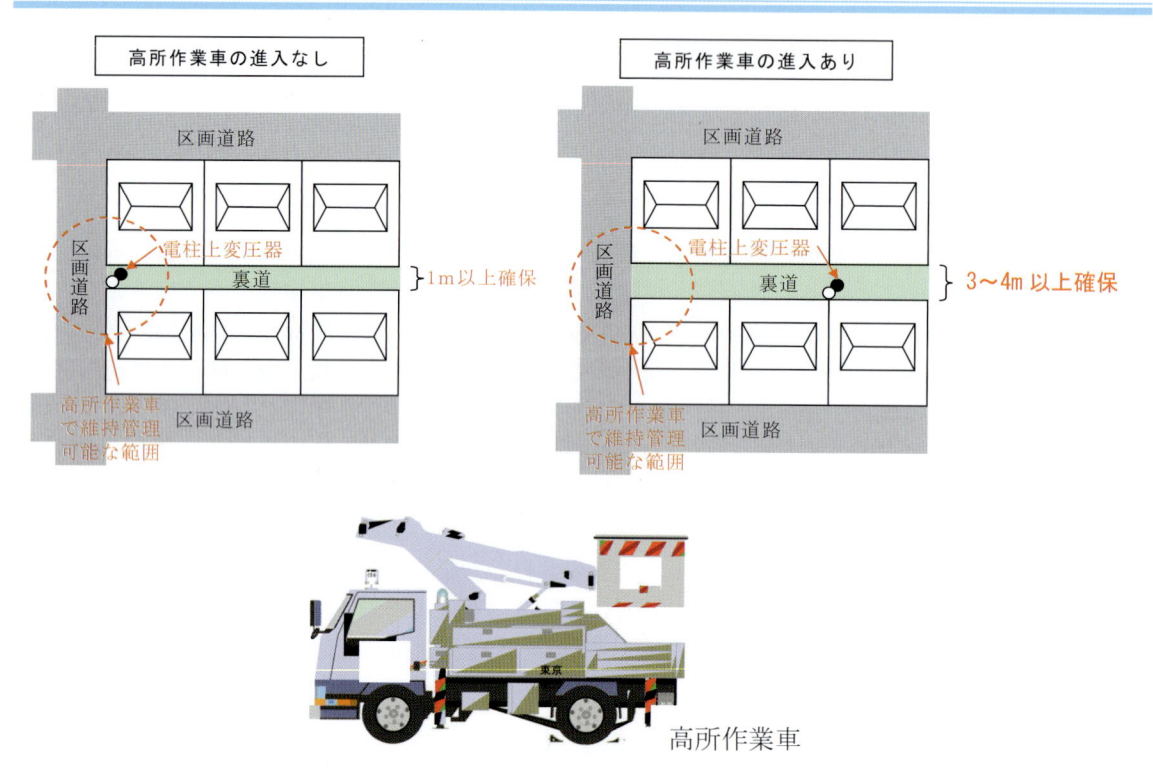

図10　電線管理者の維持管理に必要な裏道幅

b) 裏道の管理方法

　裏道の管理者については、歩行者専用道路または緑道などとして整備する場合は、当該公共団体となるが、いわゆる通路の場合、当該公共団体が個別に定めた要綱などで公共団体に移管できる場合を除いて基本的に開発者（宅地購入者）側の所有となる。裏道は、公共団体に移管できない場合は、宅地購入者の筆毎の所有か共有持分とすることが望ましい。

　このようなことから、裏道の移管も含めた権利形態について、住宅購入者としての立場も踏まえた開発事業者、当該公共団体、電線管理者ほか関係者と協議しておく必要がある。加えて、裏道の維持管理方法と電線管理者の維持管理のための立ち入りの条件についても十分な協議と協定書などの整備についても行っておく必要がある。

　なお、歩行者専用道路の場合は、道路構造令第40条によれば、当該道路の存する地域および歩行者の交通の状況を勘案して、2m以上の幅員とすることになっている。緑道の場合は、公園緑地マニュアルによれば、災害時の避難路の確保、都市生活の安全性および快適性の確保等を図ることを目的に、近隣住区または近隣住区相互の連絡のために設けられる植樹帯および歩行者路または自転車路を主体とする緑地で幅員10～20mを標準として、公園、学校、ショッピングセンター、駅前広場等を相互に結ぶよう配置することになっている。

　以上が裏道の管理についての内容であるが、この他に、設備の管理についても電線管理者と十分な協議を行っておく必要がある。具体的には、電力事業者および通信事業者それぞれに対して、架空設備の場合については、電柱、電線および機器類について誰がどのような管理を行っていくのか、また地中設備の場合については、管路、桝、ケーブルおよび機器類について誰がどのような管理を行っていくのかを協議しておくことが必要である。

3-3　無電柱化パターンの概算費用（試算）

ここでは、無電柱化パターンとして取り上げた4パターンについて、戸建開発地として検討したモデル地区についてコスト試算を行い、各無電柱化パターンの経済性について把握を行った。

（1）　概算費用の算定条件

選定したモデル地区は、東京都心部から約40km離れた郊外における約270haの開発地内を3ブロックに分けて、それぞれのブロック毎に80坪、90坪、100坪を中心とする画地割りを行った。結果として開発戸数は175戸となった。

計算の条件は、表6に示すとおりとした。

表6　概算費用の算定条件

土地評価額	表通りの区画道路幅員	裏道幅	裏道の設置による1戸当たりの宅地販売減額
9万円/m^2	6m	2mおよび1mの2パターン	土地評価額（9万円/m^2）の70%（6.3万円/m^{2}の減額）

裏道幅については、歩行者専用道路として移管できる可能性のある最小幅員として2mの場合について実施した（当該公共団体が引取り不可の場合は、民有地となる）。さらに、当該公共団体への移管は難しいものの、好条件の場合に維持管理用通路幅として可能性のありそうな最小値を想定して1mについても実施した（通路として地上の利用制限がかかる民有地となる可能性が高い）。

裏道の設置による1戸当たりの宅地販売減額については、裏道が無ければその部分は地上の利用制限がかからない宅地として販売できるが、裏道があるために地上の利用制限がかかり、裏道部分の土地評価額については、宅地に比べ損が発生することになる。その評価損は、土地評価額（9万円/m^2）の70%、すなわち6.3万円/m^{2}の減額になるものとした（国税庁の「私道の用に供される宅地の価格（一般宅地の30%）」を適用した）。ただし、公共団体に移管が可能になった場合は、100%の評価損（宅地販売減額）となる。

概算費用の算定結果については、あくまで概略設計に基づくもので、各戸引込み延長など不確定要素がある中での試算となっていることに加え、各パターンの方式が異なることによる相対比較を目的においていることから、完全地中化パターン1を基準（100%）とした場合の比率（百分率）で比較することとした。

（2）　概算費用の比較

各パターンの概算費用の比率としての比較は、表7のとおりとなる。

戸当たりの整備費百分率では、架空併用パターン2が55%と最も安く、続いて架空併用パターン1、完全地中化パターン2となり、完全地中化パターン1が最も高価な整備費用を要する結果となった。一方、完全地中化パターン2、架空併用パターン1、2の場合で、裏道を設けた場合の有効宅地としての販売面積の減少による減額分は百分率として、裏道2mについ

表7　概算費用の百分率としての比較

無電柱化方式	完全地中化パターン1	完全地中化パターン2	架空併用パターン1	架空併用パターン2
設備形態位置の組み合わせ	幹線：道路内地中 供給線：道路内地中 変圧器：宅地内地上 (幹線供給線分離・直交)	幹線：道路内地中 供給線：裏道内地中 変圧器：宅地内地上 (幹線供給線分離・直交)	幹線：道路内地中 供給線：裏道内架空 変圧器：裏道内地上 (幹線供給線分離・直交)	幹線：道路内地中 供給線：裏道内架空 変圧器：裏道内柱上 (幹線供給線分離・直交)
①1戸当たり整備費（概算負担金含む）	100%（基準）	80%	70%	55%
②裏道による1戸当たり宅地販売減額（見かけの支出、民地評価は9万/m²×70%）	0%	60%の見かけの支出（裏道2m） 30%の見かけの支出（裏道1m）		
①+②完全地中化パターン1との宅地販売減額差を含めた整備費差	100%	140%（裏道2m） 110%（裏道1m）	130%（裏道2m） 100%（裏道1m）	115%（裏道2m） 85%（裏道1m）

ては60%、1mについては30%となる。

　無電柱化整備費は、地中構造の部分については本書に記述している地中方式に対するコストダウン方策（例えば、電力通信共用の特殊部Ⅰ型など）を織り込んだ設計を行っているため、架空方式との乖離はそれほど大きくなく、裏道による土地評価額の減損額を見かけ上の支出額として、無電柱化費用に加算して総合評価すると、大きな差は発生していない。むしろ、今回の土地評価額9万円/m²では、裏道を使わない区画道路のみの地中方式（完全地中化パターン1）が優位となる傾向が伺える。

　なお、**表7**の経済性順序は、地価の水準によって変動することから、最適な無電柱化パターンについては個々の地点毎に評価する必要があり、開発地としての環境条件の考え方や都心からの距離などに左右される土地評価額、画地面積などによって、無電柱化パターンとして取り上げた4パターンの内から適性を持つパターンを選択することが必要となる。本分析結果は、架空の土地利用計画におけるシミュレーション結果に基づくものであることから、あくまで、無電柱化パターン選択の経済性を示す目安であり、具体的な戸建住宅地の開発において、無電柱化を検討する場合の費用等の経済性については、計画検討の早い段階で、専門のコンサルタント等に相談することが望ましい。

（3）既成市街地に対する地中化コストの削減効果

　新設戸建住宅地の特徴を活かした完全地中化方式（パターン1）のコスト縮減効果を把握す

るため、これまでの既成市街地において、一般的に実施されてきている完全地中化方式を「参考パターン」として設定しコスト比較を行うこととした。

既成市街地においては、多様な需要形態および再開発などによる需要の変化に対しても柔軟に対応できる供給形態をとる必要があり、電力については「高圧・低圧」および「電灯・動力」、通信については「通信・放送」および「使用通信回線数の多寡」に柔軟に対応するために、**写真2**に示すように、「電力用の高圧幹線、低圧供給線」および「通信・放送用の幹線、供給線」が並行して管路を構成する構造となっている。したがって、「参考パターン」では、幹線・供給線の並行敷設タイプで試算を行った。なお、「参考パターン」においても、概算費用の算定条件｛モデル地区、開発計画の内容（街区・画地）｝などについては、新設戸建住宅地における無電柱化パターンとして取り上げた4パターンと同様としている。

「完全地中化パターン1」と「参考パターン」の比較表は、**表8**に示すとおりである。

その結果、参考パターンでは1戸当たりの整備費の百分率は135％となり、完全地中化パターン1の整備費を100％にしていることから、コスト縮減効果は約25％となる。

これは主に、戸建て需要の特徴を活かした、幹線・供給線直交方式での管路配管にすることによる管路総延長の短縮による効果によるものである。

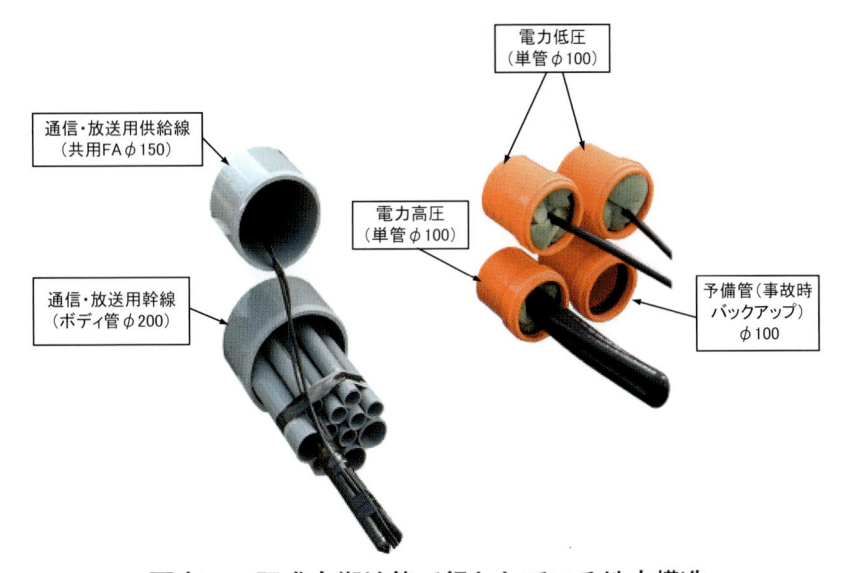

写真2 既成市街地等で行われている地中構造

表8 既成市街地での地中化に対する新市街地でのコストダウン効果

無電柱化方式	完全地中化パターン1	参考パターン（既成市街地用）
設備形態位置の組み合わせ	幹線供給線直交	幹線供給線並行
	幹　線：道路内地中　供給線：道路内地中　変圧器：宅地内地上	
1戸当たり整備費	100％	135％
既成市街地での地中化に対する新市街地でのコストダウン効果	100％－｛(100％)/(135％)｝＝25％	

3-4　無電柱化パターンの特徴

これまでの検討結果を踏まえ、各無電柱化パターンにおける、「特徴」、「整備上の留意点」および「適用しやすい条件」を以下に取りまとめる。

（1）　利点・欠点

各無電柱化パターンの利点・欠点は、表9に示すとおりである。

表9　各無電柱化パターンの利点・欠点

	完全地中化パターン1
利点	○管路および桝が地中に敷設されることから、景観が良好である。 ○表通りの区画道路敷内にある管路および桝類は、区画道路と共に当該行政に移管できる実績も多い。 ○無電柱化における管理用通路としての裏道の必要性がなく、有効な宅地用の面積がより多く確保できる。 ○維持管理も表通りの区画道路（公道上）でできることから、主に道路管理者の許可で一本化でき容易である。
欠点	○幹線、供給線用の管路および桝が区画道路中に敷設され、加えて地上機器であることから、無電柱化の整備費が4パターンの中では最も高くなる。
	完全地中化パターン2
利点	○管路および桝が地中に敷設されることから、景観が良好である。 ○表通りの区画道路敷内にある主に幹線系の管路および桝類については、区画道路と共に当該行政に移管できる実績も多い。
欠点	○主に幹線系の管路および桝類については、区画道路中に敷設され、加えて地上機器であることから、区画道路部分の費用負担額は大きい。 ○主に裏道に敷設される供給線系の管路および桝については、区画道路中の仕様からは緩和され価格が低減するものの、地中構造であることに変わりはないので、架空方式に比べると高い。 ○そのため整備費用は、完全地中化パターン1についで高い。 ○裏道の権利設定、権利継承および維持管理に関する協議、取決めが発生し、それが恒常的に続く。 ○電線管理者の維持管理に必要な管理用通路としての裏道幅、および裏道の立ち入りに関する取決めが発生し、それが恒常的に続く。 ○裏道の存在および裏道幅によって、有効な宅地用の面積の減少または、土地評価額の減少が発生する。この影響は、地価が高い地域ほど影響が大きい。このため、土地評価額の大小によってメリットが出る場合とデメリットになってしまう場合があるので、慎重な評価が必要となる。総じて、地価が低い場合については、土地販売価格の減価分を上回る無電柱化整備費の削減分がある。一方、地価が高い場合については、無電柱化整備費の削減分以上に、土地販売価格の減価分が大きくなってしまい、裏道を使う効果が無くなる。

架空併用パターン1	
利点	○区画道路においては、裏道が通りとして視野に入る範囲を除けば、景観が比較的良好である。 ○表通りの区画道路敷内にある主に幹線系の管路および桝類については、区画道路と共に当該行政に移管できる実績も多い。 ○裏道内にある架空設備(電柱・電線)については、地中管路、桝に比べ安価となる。整備費は、架空併用パターン2についで安い。
欠点	○裏道の権利設定、権利継承および維持管理に関する協議、取決めが発生し、それが恒常的に続く。 ○電線管理者の維持管理に必要な管理用通路としての裏道幅、および裏道の立ち入りに関する取決めが発生し、それが恒常的に続く。 ○裏道が通りとして視野に入る範囲においては、電線・電柱が視野に入り、景観面で劣る。 ○裏道の存在および裏道幅によって、有効な宅地用の面積の減少または、土地評価額の減損が発生する。この影響は、地価が高い地域ほど影響が大きい。このため、土地評価額の大小によってメリットが出る場合とデメリットになってしまう場合があるので、慎重な評価が必要となる。総じて、地価が低い場合については、土地販売価格の減価分を上回る無電柱化整備費の削減分がある。一方、地価が高い場合については、無電柱化整備費の削減分以上に、土地販売価格の減価分が大きくなってしまい、裏配線の効果が無くなる。
架空併用パターン2	
利点	○裏道が通りとして視野に入る範囲、または家屋越しに突出している高い電柱、電線が視野に入る範囲を除けば、景観が比較的良好である。 ○表通りの区画道路敷内にある主に幹線系の管路および桝類については、区画道路と共に当該行政に移管できる実績も多いことから、行政以外の関係者が管路および桝の維持管理から免責される。 ○裏道内にある架空設備(電柱・電線・柱上機器)については、地中管路、桝および地上機器に比べ安価である。整備費は、4パターンの内、最も安い。
欠点	○裏道の権利設定、権利継承および維持管理に関する協議、取決めが発生し、それが恒常的に続く。 ○電線管理者の維持管理に必要な管理用通路としての裏道幅、および裏道の立ち入りに関する取決めが発生し、それが恒常的に続く。 ○裏道が通りとして視野に入る範囲においては、電線・電柱が視野に入り、景観面で劣る。 ○裏道の存在および裏道幅によって、有効な宅地用の面積の減少または、土地評価額の減損が発生する。この影響は、地価が高い地域ほど影響が大きい。このため、土地評価額の大小によってメリットが出る場合とデメリットになってしまう場合があるので、慎重な評価が必要となる。総じて、地価が低い場合については、土地販売価格の減価分を上回る無電柱化整備費の削減分がある。一方、地価が高い場合については、無電柱化整備費の削減分以上に、土地販売価格の減価分が大きくなってしまい、裏配線の効果が無くなる。

（2） 整備上の留意点

各無電柱化パターンにおける整備上の留意点を、**表10**にまとめる。

表10　各無電柱化パターンにおける整備上の留意点

完全地中化パターン１
○地上機器（電力用変圧器、ペデスタルボックス）を配置するための位置について管路延長の短縮に資する位置に用地を確保する必要がある。この場合、機器の配置位置は可能な限り、公共施設用地や共有地が活用できるように設計段階で工夫されることが望ましい。難しい場合は画地を一部割愛することも検討する必要がある。 ○区画道路区域内に敷設される管路、桝類については、区画道路の移管と共に、「電線共同溝」または「公共管路」として移管してもらうことから、区画道路などの公共施設同様、移管先の行政と十分な協議をしておく必要がある。 ○共有地や画地の一部など道路敷地以外に配置した地上機器用の桝類については、道路移管に伴って移管を受けてくれる行政と受けてくれない行政があることから、事前に十分協議しておく必要がある。加えて、移管を受けてもらえない場合は、住民所有のあり方なども含めて整理しておく必要がある。

完全地中化パターン２
○区画道路および沿道における地中部分の取扱いについては、「完全地中化パターン１」の整備条件が適用する。幹線および地上機器位置などの取扱いがこれにあたる。 ○裏道における地中方式の部分については、裏道幅、配線、配管および分岐桝のレイアウトと構造について電線管理者と十分に協議しておく必要がある。 ○裏道の移管も含めた権利形態について、住宅購入者代行としての立場も踏まえた開発事業者、当該行政、電線管理者ほか関係者と協議しておく必要がある。 ○権利形態の協議に加えて、裏道の維持管理方法と電線管理者の維持管理のための立ち入りの条件についても十分な協議と協定書などの整備についても行っておく必要がある。

架空併用パターン１
○区画道路および沿道における地中部分の取扱いについては、「完全地中化パターン１」の整備条件が適用する。幹線の取扱いがこれにあたる。 ○裏道の権利形態および維持管理方法については、前述した「完全地中化パターン２」と同様な整備が必要である。 ○地上機器は、裏道に沿った入口付近の画地を一部割愛して設置することになるので、この位置における用地確保についても十分な調整が必要になる。 ○必要な裏道幅については、電線管理者と十分な協議を行っておく必要がある。 ○裏道に建柱することによる景観面への影響などについても検討しておく必要がある。

架空併用パターン２
○基本的に無電柱化に際して行うべき整備条件は、「架空併用パターン１」と同様である。 ○「架空併用パターン１」と異なるのは、裏道における変圧器が地上用変圧器から、柱上変圧器に変わる点であることから、特に長尺柱（地上高約12m）の電柱が裏道の入口付近に建つことについて理解する必要がある。 ○必要な裏道幅については、電線管理者と十分な協議を行っておく必要がある。

（3） 適用しやすい条件

各無電柱化パターンの利点・欠点および整備上の留意点を考慮して、各々のパターンが適用しやすい条件を、表11にまとめる。

表11 各無電柱化パターンが適用しやすい条件

パターン		完全地中化パターン1	完全地中化パターン2	架空併用パターン1	架空併用パターン2
無電柱化に利用する道		区画道路	区画道路＋裏道		
適用しやすい条件	土地評価額減を踏まえた総合的視点	都心および近郊地区の土地評価額が高い地域での新設戸建住宅地における宅地開発で優位	都心から遠隔地にある土地評価額が低い地域での新設戸建住宅地における宅地開発で優位		
	裏道幅の視点	街区長に関わり無い	街区長が比較的短い方が優位		街区長が短い場合に優位
	景観	全方位において景観に優れる		裏道沿いの景観を除外すれば景観良好	裏道沿いの景観と家屋越しの電柱・電線部分を除外すれば良好

注釈）・土地評価額減を踏まえた総合的視点：裏道によって有効宅地面積が減少することによる土地評価減額を加えた総合支出面からの視点
　　　・裏道幅の視点：裏道を使って供給する場合、街区長が長いと中間に変圧器が必要になる、その交換などのために裏道幅が3m以上となり不利になる視点

新市街地における無電柱化方式の4パターンについては、それぞれに特徴を持っており、対象となる地点の条件によって、最適な方式が異なる可能性が生じる。このようなことから、開発地としての景観・環境の考え方や、都心からの距離などに左右される土地評価額、宅地面積などを基に、各無電柱化方式の「特徴」、「実現するための整備条件」および「各々のパターンが活かせる適合しやすい条件」と照し合わせて、最適となる方式を選定することが必要となる。

Ⅲ

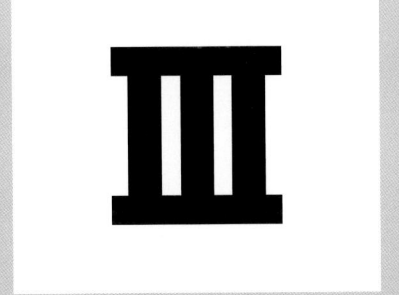

設計編

1　区画道路における地中方式の設計

1-1　前提条件

　区画道路上には、上空を占用する電柱および電線類は設置しないことを基本としているため、区画道路を活用する場合は、地中方式のみに限定されることが前提となる。

　さらに地中方式における区画道路上の管路構造（管路系、特殊部系）は、区画道路が公共施設として当該道路を管轄する行政に移管される時に、同時に移管されるものとし、電線共同溝または公共管路相当の取扱いで行われることを前提としている。

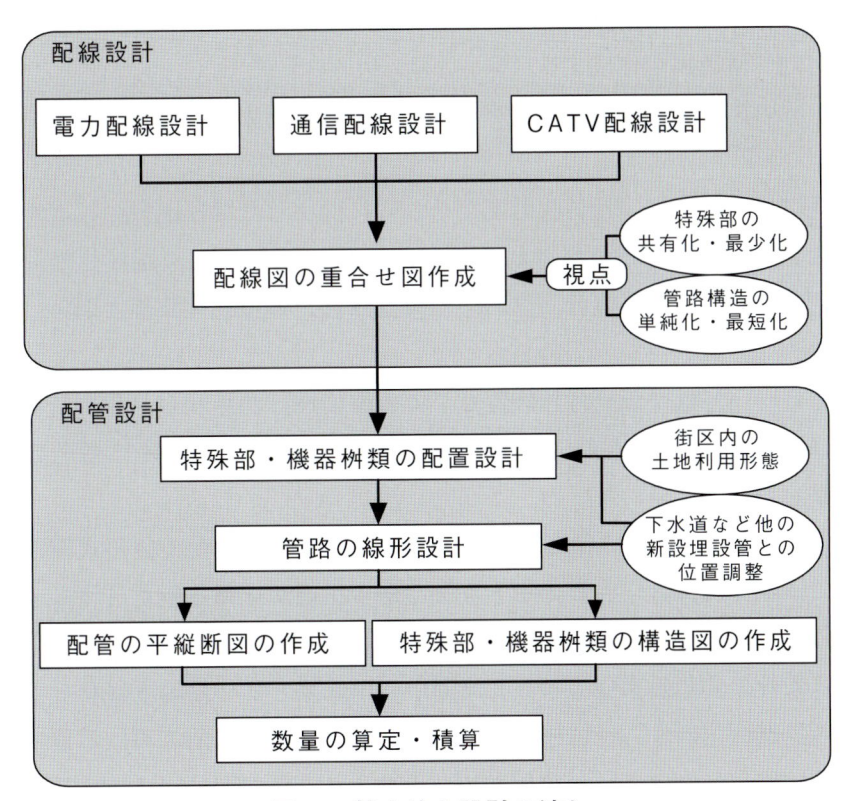

1-2　基本的な設計の考え方

　基本的な設計の流れは、**図1**に示すとおりである。

図1　基本的な設計の流れ

〔解説〕

地中化方式を設計する際の基本的な設計の流れは、**図1**に示すとおりであり、次の手順となる。

① 電力系および通信系（以下、CATV[*1]と音放[*2]含む）の配線設計および機器配置設計を行う。

② 電力系および通信系毎に、それぞれ設計した配線図および機器配置図の重ね合わせと集約化の設計を行う。この時コストダウンを目的に、特殊部などについては共有化および最少化を視点において行い、管路構造の部分については単純化および配管延長の最短化を視点において行う。

③ さらに、特殊部や配管構造などは、供給上の視点で望ましい位置付けになっているが、特殊部などについては街区内の公園などの公共用地との位置整合、管路構造については下水道などの他の同時に道路下に埋設される管との位置整合などが必要となる。そのため、より具体的および現実的な位置および線形の検討を行う。

④ ②および③の検討を成果品として、配管の平縦断図（特殊部の配置も含む）および特殊部や機器桝類の構造図を作成する。

⑤ 最後に、④の図面を基に数量算定を行い、算定数量を用いて積算を行う。

地中化を行うには、電力線、通信線およびそれらに関係した機器配置の設計が最初に必要になる。戸建て開発区において造り出される美しいまちなみには、「無電柱化推進計画：平成16年」に基づき「無電柱化推進協議会」において合意された無電柱化路線と違い、次に示す特徴がある。

・住宅販売時においては「販売付加価値としての優位性」が存在し、その結果得られる利益は、「無電柱化推進計画が求める公益性ではなく、一部受益者のみに恩恵を与える私益の確保」に繋がる要素も秘めている。

・供用期間中に、無電柱化により得られる美しいまちなみを享受できる人間は、その新設戸建住宅地に住む住民に限定されてしまうことから、国が進める無電柱化事業の基本的な考え方である、「公益性の高い場所での実施」および「事業成果として得られる美しい街並みが不特定多数の人間が享受できる」原則からは乖離している場所になっている。

このことから無電柱化のうち特に地中化の場合、新設戸建住宅地における地中化に必要な費用として、例えば電力においては「電線類の収容物としての管路および桝に係る費用」、電線管理者に支払う『特別供給設備の工事費負担金』と言われる「ケーブルおよび機器類として標準供給方式（架空方式）より増となる費用」については、電線類の地中化に必要な費用の全額を要請者が負担することになる。

加えて、要請者負担による地中線供給方式では、「電気供給約款の理論と実務：電気供給約款研究会編」によれば、「機器・ケーブルおよび管路・桝も含め電力設備（電力会社資産）として、電力会社が施工する」ことを基本としている。

配線設計を電力会社が行う場合としては、下記の2つに限られることになる。

・「無電柱化推進計画」の公益性重視の考え方に基づいて、「無電柱化協議会」において合意された路線については、道路管理者の要請に基づき、各電線管理者が各々の配線設計を行い道路管理者に提出する場合。
・要請者により「電力供給約款」に基づき契約し、機器・ケーブルおよび管路・桝も含め電力会社資産として設計・施工を行う場合。

したがって、この2つの場合以外における電力の配線設計については、電力会社と供給条件や維持管理条件について照会をとりながら、要請者が自ら行わなければならない。通信会社との合意形成についても同様であるが、特に電力はその配線設計如何によっては、要請者負担額の主要を占める、機器・ケーブルに係わる材工費用、加えて管路・桝に係わる材工費用に影響するため、電力配線設計の良否は重要な部分となる。

1-3 各設計段階におけるコストダウンのポイント

(1) 電力配線および通信配線の設計

戸建における電力配線および通信配線の設計は、配線延長が短くなるような、配線および機器配置を行う。このことが結果的に、管路延長の最小化にも繋がりコストダウンに資することになる。

具体的な配線設計においては、次に示す①～③の順序で行うとコストダウンに効果的である。

① 電力系の機器・ケーブル系の電気工事費および管路・桝系などの土木工事費は、全体地中費用の主要を占める。このことから、配線設計は、先ず電力系の配線設計から始めることが望ましい。配線延長を短くするためのポイントは、高圧幹線の事故保護系統および全体の街区設計への影響の理由から理想に近い形での実現については難しい点もあるが、「高圧幹線系を街区短辺方向の区画道路、低圧供給線系を街区長辺方向の区画道路に配線し、両者を同一区画道路内で並行させない」工夫を行うことが重要である。

② 次に、伝送距離で問題となる、CATVなど通信線の配線設計を行う。この時、電力の高圧幹線にはCATVの幹線、電力の低圧供給線にはCATVの供給線を極力重畳させるように配線設計を行う。

③ 最後に、通信線の配線設計を行う。この時も②のCATV同様、電力の高圧幹線には通信の幹線、電力の低圧供給線には通信の供給線を極力重畳させるように配線設計を行う。

①～③の結果、電力・通信共に、幹線については街路短辺方向の区画道路、供給線については街区長辺方向の区画道路に配線すなわち配管できることとなり、配管網として簡素化・延長の最小化が可能となる。加えて、同じ区画道路内で幹線・供給線が常に並行しなくても済むことから、区画道路横断面内での管路条数が少なく抑えることができ、区画道路に沿った配管およびそこからの引込み管取付けの施工効率についても向上する。

> さらに、電力・通信共に、幹線から供給線へ切り替わる位置が概ね同位置になること、先行して埋設されている既設埋設物がないことから、電力および通信用の特殊部として従来別々に設置されていたものが、共有化される可能性も増えることになる。

〔解説〕

　街区設計の関連図書類によれば、電力・通信については元々供給申し込みをして行うことを基本としているため、街区・画地設計が概ね確定した後に、開発者などの要請者が電力会社および通信会社それぞれに供給申し込みを行い、協議を経て、多くの場合、画地内に電力会社または通信会社が電柱を建て、架空線による供給が行われてきている。その後、開発者などが住宅販売時点において、電柱設置が既成事実の条件で販売契約を行っている。

　これらのことから従来、電力・通信の供給設計は、街区設計が概ね完成した後に、個別申し込みによって行われてきており、街区設計に主要な設計項目として織り込まれることも無く、両者の設計者もお互いに関連する認識は無い状況がほとんどであった。

　しかしながら、最近は美しい街並み設計が、住宅地の価値を高める一要素として理解され、その要請が高まってきている。美しい街並みを創出する一要素に電線類の地中化が位置付けられているものの、実現化に必要なコストが極めて高いこと、土地・家屋およびインフラなど公共施設などを含む住宅販売価格の高低に係わり無く概ね一定規模のコストがかかることから、実現する場所のすみ分けが慎重に行われている状況にある。このため、「電線類を地中化するために極力コストが抑えられないか」というニーズが生じてきている。

　このニーズに対応するべく本書が位置付けられているが、そのためには、

・従来、街区・画地設計を行っている設計者が、下水など公共施設設計と同様に、街区・画地の計画設計段階から、地中化設計を意識する必要があること。
・地上機器の置き場所は、公共施設位置、緑地、フットパスおよびゴミ置き場などを利用することが多いため、割当位置が地中化コストに影響すること。

を理解する必要がある。

　よって街区・画地設計者は、経済的な機器配置位置へ、公共施設用地など行政への移管可能な用地や、緑地・フットパスおよびゴミ置き場などの生活関連の共有地や、画地の部分割愛位置などを配置するなど、修正が可能な街区・画地構想が固まった段階から、地中化の設計者と協働して進めることがコストダウンには効果的であることを理解する必要がある。

　ここで新設される住宅地における電線類の地中化工事の費用について、従来行われてきた既成市街地における地中化との違いも踏まえ解説する。

　既成市街地における地中化と新設住宅地における地中化の相違点は、**図2**に示すとおりである。通常の道路事業として行われる既成市街地で道路上に建っている電柱を電線共同溝の整備により地中化しようとすると、舗装のカッター入れから始まり、舗装壊し、掘削、配管・桝設置、埋め戻し、仮復旧、最後に本復旧が工事として必要になり、工事も交通流を供用しながらの工事となることから夜間工事になる場合もある。このため通常、既成市街地における無電柱化には、管路・桝系の材料費以上に道路関連工事が費用として掛かる。これに比べ、新市街地

既成市街地での地中化

```
道路占用許可の取得
   ↓
道路使用許可の取得
   ↓
各企業による既設埋設管の移設工事
   ↓
道路舗装壊し
   ↓
掘削
   ↓
特殊部・管路敷設
   ↓
埋め戻し
   ↓
仮復旧
   ↓
本復旧
```

交通流を規制・供用しながらの**夜間**工事が多い

掘削状況

配管状況

新設住宅地での地中化

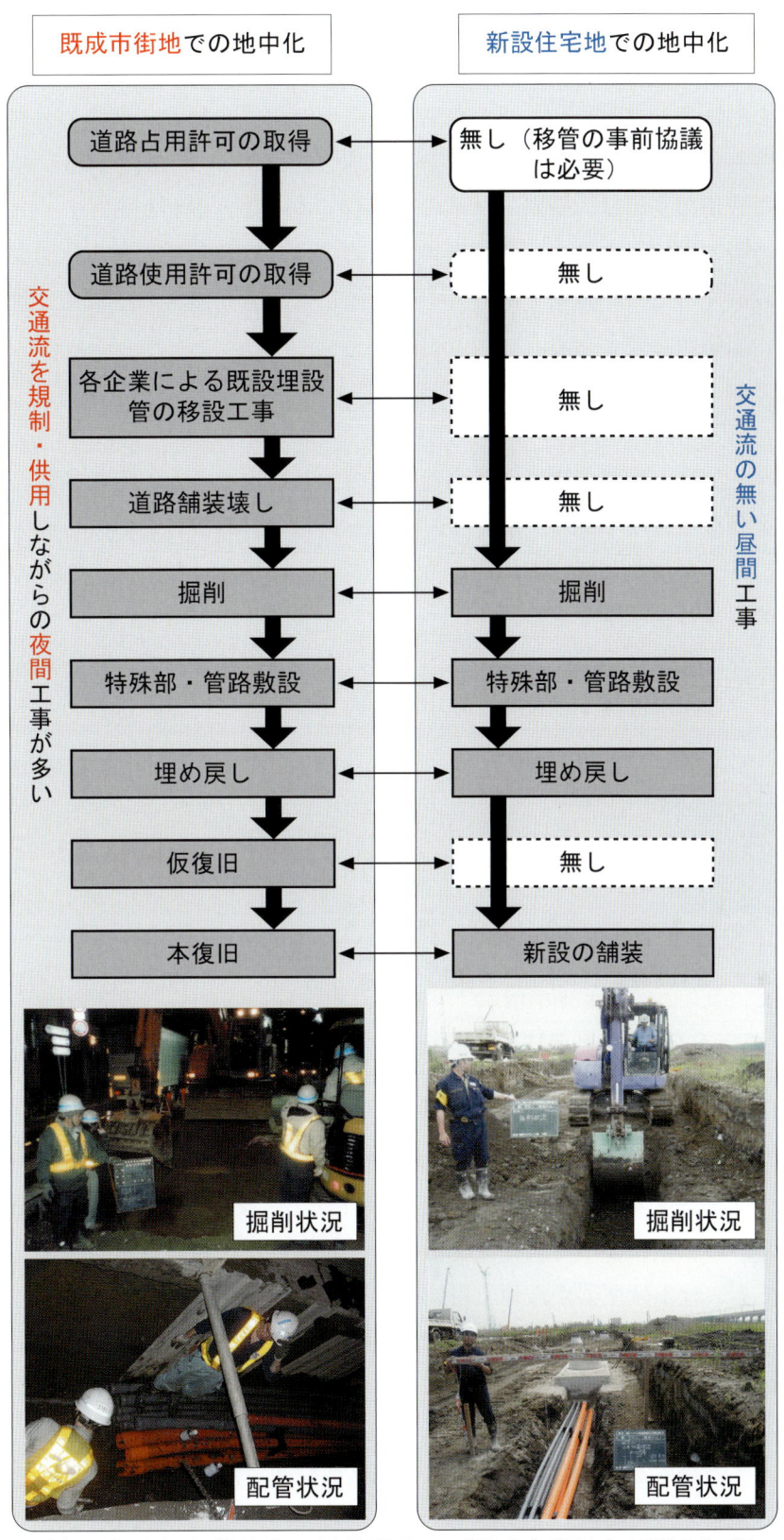

```
無し（移管の事前協議は必要）
   ↓
無し
   ↓
無し
   ↓
無し
   ↓
掘削
   ↓
特殊部・管路敷設
   ↓
埋め戻し
   ↓
無し
   ↓
新設の舗装
```

交通流の無い**昼間**工事

掘削状況

配管状況

〔新設住宅地と隣接する既設道路で（既成市街地と同様な）関連工事が局所的に発生する場合があるが、その場合を除く〕

図2　既成市街地と新設住宅地での地中化手順の違い

においては、造成工事の中で道路を建設しながらの管路・桝系の敷設、具体的には路床建設に並行しての敷設となることから、既成市街地で必要な舗装関係の壊し・舗装の仮復旧工事を必要としない。このため、無電柱化に必要な費用の主要として、管路・桝系の材料費が顕在化することになる。具体的には、新設住宅地における地中化コストの内訳を図3に示す。これより地中化に必要な費用の主要は、管路・桝系の材料費であることがわかる。

このような特徴の中でコストダウンを進めるためには、管路延長の最小化および桝の共有化を目標として設計することが重要である。そのためには、管路設計の上流側に位置する配線設計の段階からの配慮が必要となる。

① について

図3より、ケーブル・機器費用は、工事費全体の24%を占めるが、その内訳の殆どが電力系のケーブルおよび機器費用である。加えて、管路・桝系の材料費においても両方で工事費全体の30%を占め、トータルとして電力に関わるケーブル・機器および管路・桝系の材料費が工事費の主要を占めることが理解できる。

電力のケーブル・機器は、架空設備に比べ、主に次の要因によってコストが大幅に上昇する。通信ではこのような状況は無く、架空と地中の設備費の費用に、電力ほどの大きな差は無い。

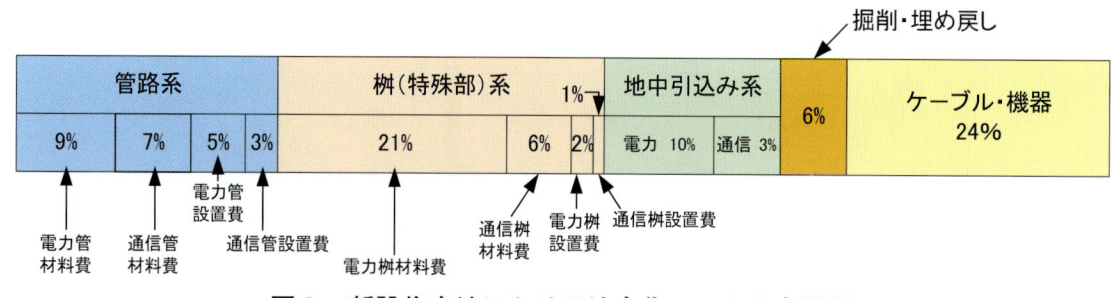

図3　新設住宅地における地中化コストの内訳例

- 電線については「電気設備に関する技術基準を定める省令」によって、「架空電線および地中電線の感電の防止」目的として、「地中電線には、感電のおそれがないよう、使用電圧に応じた絶縁性能を有するケーブルを使用しなければならない。」規定があり、架空電線から地中ケーブルへの転換によって大幅な費用の増大が生じる（図4参照）。
- 機器についても、柱上変圧器から地上用変圧器への転換、柱上開閉器から地上用開閉器の転換によって大幅な費用の増大が生じる（図4参照）。

このため、配線や機器の設置位置の工夫によって、ケーブル延長を短くすることが、引いては管路延長にも影響し総合的に見てもコストダウンの要となる。

したがって、先ず最もコストに影響する、電力系の配線設計を優先して実施することが重要である。

ただし、高圧幹線については、事故時において早期に復旧させるための系統上の保護を目的とした設計上の必須条件があるため、この条件下での配線設計となる。

電力配線の設計思想については、最終的には当該地区を預かる電力会社の恒久的に続く供給責任の視点から、統一化は難しい状況にある。コストダウンのポイントは、当該電力会社の思

図4　架空配電設備から地中配電設備への変化例

　想を遵守しつつも、高圧幹線と低圧供給線を極力並行させないような機器配置および配線設計を電力会社の理解を得ながら行うことである。例えば、街区には、供給が必要な住宅が並ぶ「長辺方向」とそれと垂直な「短辺方向」がある。通常の主要幹線で行われる無電柱化事業においては、道路に面した多様な需要形態に柔軟に対応できるように、**図5**に示すように、「長辺方向（引込み線の需要方向）」に「高圧幹線」と「低圧供給線」が並行して敷設される。これに対して戸建の場合は、需要形態が画一的に決まることが多いため、**図6**に示すように、距離の短い「短辺方向」に「高圧幹線」を配線し、供給が必要な「長辺方向」に「低圧供給線」を配線するような電力線設計を行うことにより、次のメリットが発生する。
・幹線と供給線が並行する範囲が短くなりケーブルの総延長および管路総延長が最少化できる。
・区画道路横断面内における管路敷設条数が、幹線と供給線について区画道路で分かれることで、少なくて済み、区画道路に沿った管路敷設およびそこからの引込管取り出しの施工性が良くなる。
・高圧幹線系を「短辺方向」に統一化することにより、機器間を直線的に結ぶことができるため、ケーブル引入れに必要となる桝類の削減を図ることも可能となる。
　このような、メリットを生み出す電力線設計上で出てくる機器類の位置について、緑地、ゴミ置き場および公共施設などの多目的用途と複合できるような用地と併設するなど、街区・画地設計で柔軟性の高い段階でこのような検討を行うことが望ましい。

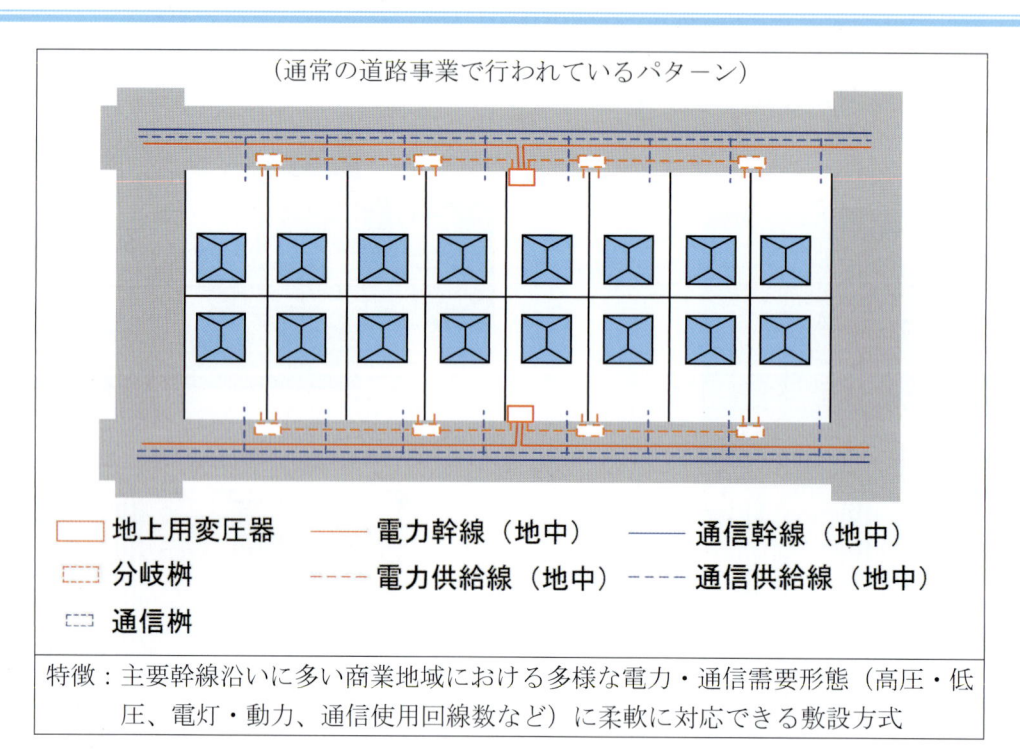

(通常の道路事業で行われているパターン)

凡例:
- ☐ 地上用変圧器
- ⌑ 分岐桝
- ⌑ 通信桝
- ── 電力幹線（地中）
- ─── 電力供給線（地中）
- ── 通信幹線（地中）
- ─── 通信供給線（地中）

特徴：主要幹線沿いに多い商業地域における多様な電力・通信需要形態（高圧・低圧、電灯・動力、通信使用回線数など）に柔軟に対応できる敷設方式

図5　幹線・供給線並行敷設タイプの概念図

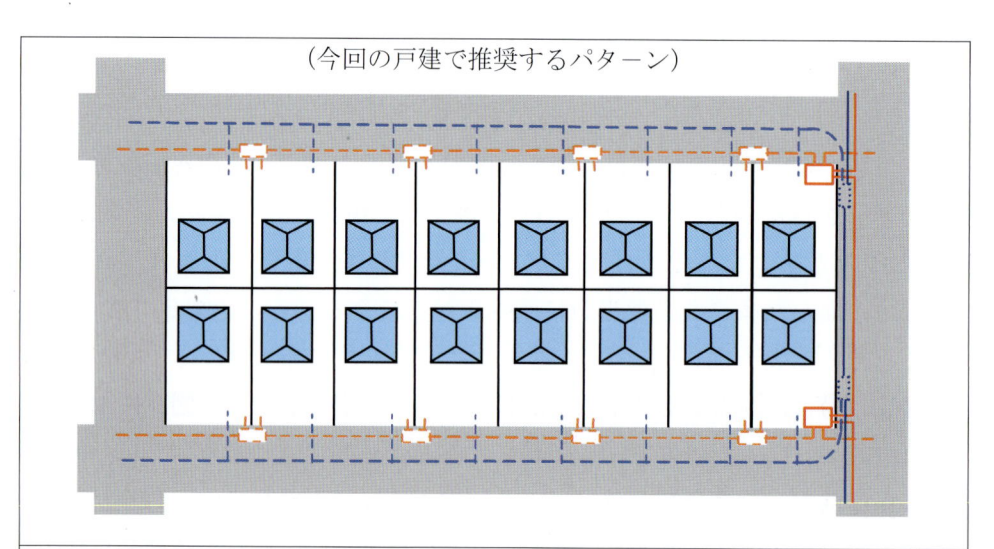

(今回の戸建で推奨するパターン)

特徴：低層住居地域における少ない需要（少条数）で需要形態も比較的画一化されていることから、基本的に供給も無く路線延長も短くなる、街区短辺方向に電力・通信の幹線を敷設し、供給が必要な街区長辺方向に供給線を敷設する敷設方式。区画道路毎に、幹線と供給線が分離され、使用管材の総延長が短くなり、それぞれの管路横断面規模も縮小化される。

図6　幹線（短辺方向）・供給線（長辺方向）を分離敷設タイプの概念図

注釈）図5と図6は、モデルのイメージであり、引込管路部の詳細については施工編を参照

② について

電力線に準じて、伝送距離で問題となる、CATV などの通信線の設計を、電力線と同様な考え方で、幹線系と供給線系に分けて設計する。そうすることで、管路延長の最少化や管路敷設の施工性向上が図れる。加えて、幹線と供給線の境界に位置する、ペデスタルボックスやタップオフなどが、電力の機器および特殊部と同様な位置に配置できる可能性が高くなる。

③ について

最後に、通信線の配線設計についても電力線に準じて、同様な考え方で、幹線系と供給線系に分けて設計する。そうすることで、管路延長の最小化や管路敷設の施工性向上が図れる。加えて、幹線と供給線の境界に位置する、クロージャなどが、電力の特殊部と同様な位置にくる可能性が高くなる。

以上、電力系、CATV および通信系（メタルケーブル[*3)]、光ケーブル[*4)]）を問わず、「幹線」と「供給線」を上述のように分離して、それぞれを重畳させることにより、次に示すメリットが相乗効果として加わる。

- 電力用機器や特殊部が設置される位置に、ペデスタルボックス、タップオフおよびクロージャなどが設置できる可能性が高くなり、最終的にそれら機器類の設置位置や収納用の特殊部が集約化・共有化できる可能性が発生する。
- 区画道路横断面内における管路敷設条数が、電力系・通信系共に、幹線と供給線について区画道路で分かれることで、少なくて済み、区画道路に沿った管路敷設およびそこからの引込管取り出しの施工性が良くなる。

なお、CATV 系が参画しない場合については、上記の②が割愛される。

（2） 電力配管および通信配管の設計

電力配管および通信配管の設計は、設計の上流に位置する配線の設計結果で得られる配線網として各種電線類が確実に入線できるための防護物としての機能を満足するように行わなければならない。

これに加えて、横断面的な配管レイアウトは、区画道路沿いの管路敷設の施工性およびそこから分岐される引込み管取付けの施工性にも留意したものでなければならない。

具体的な配管設計においては、次に示す①～③に留意すると、コストダウンにつながる。

① ケーブルおよび配管延長の最小化を目指して設計した配線網の構成要素となる幹線系と供給線系でのそれぞれの区間において、管構造面については経済的であり、かつ横断面での配管レイアウトについては施工性が優れていることを満たすような配管設計を行わなければならない。

② ケーブルの入線時に、ケーブルを損傷させず円滑に引入れが可能となるように、引入れケーブルの特性に適合した適切な曲管を組み合わせた管路設計を行わなければならない。さらに、縦断方向については直線となるように、他のインフラ設備との占用

位置調整を行うことが必要である。
③ 特に、管軸方向の曲げに関して柔軟性の高い管材については、配管時や転圧を含む埋戻し時において、管が軸方向に移動して局所的に適切な曲線半径を確保できなくなる場合もあるので、管材の選択としての適否も含め慎重な判断を行うと共に、採用した場合に関しても、管軸方向の固定方法や固定間隔などを適切に行うと共に、埋戻しや転圧段階の施工についても慎重に行わなければならない。

〔解説〕

① について

　幹線系および供給線系が上手く分離されて、別々の区画道路に入ると、管路延長も短くなり、管材料費の低下につながる。加えて、構造も単純化されるため、管路敷設の施工効率も向上することが想定される。

(幹線系)

　幹線系の管路配管例（概念図）を図7、図8に示す。特徴は次のとおりである。

・従前の既成市街地における電線共同溝構造は、特殊部も含めて電力系と通信系が別々に敷設され、全体の敷設幅は大きくなるものの、既存の埋設物を回避することに対して柔軟性を保てるような構造になっていた。反面、集約化の視点からは乖離せざるを得ない構造になっていた。しかしながら、新市街地においては既設埋設物が無く、全ての埋設管が新設されることになるため、既設埋設物回避の目的で管路構造を電力系と通信系に分ける必要もなくなってくる。さらに区画道路幅は6mと狭いことから極力集約化し、コンパクトな範囲にする方が効果的となる。そのため、電力幹線用の高圧管に近接して通信幹線用の管を配置する構造としている。

・地上変圧器の設置位置によって発生する、高圧管を2管配置する必要がある例と高圧管を3管配置する必要がある例についてそれぞれ、図7と図8に示している。

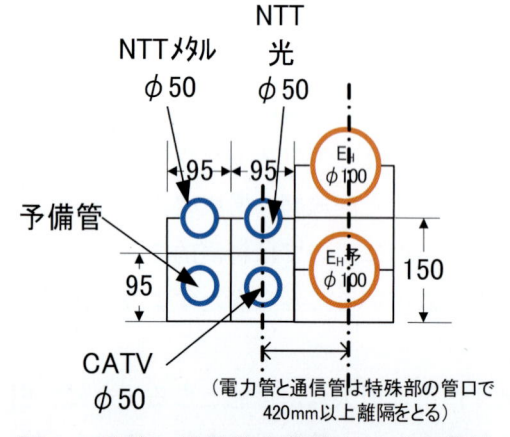

図7　幹線・供給線を分離タイプの幹線部の配管例（高圧管が2本の場合）

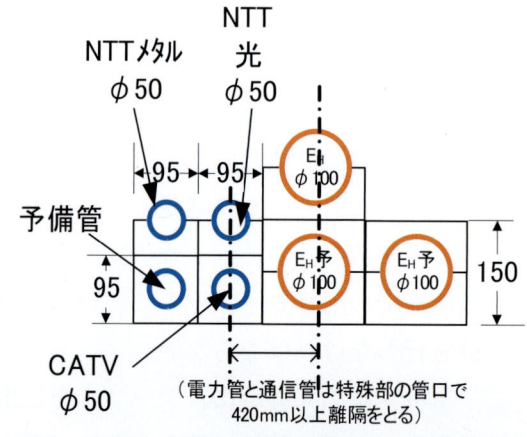

図8　幹線・供給線を分離タイプの幹線部の配管例（高圧管が3本の場合）

表1　NTT・CATVと幹線部の構造例

CATV	NTT幹線メタルケーブル					
	芯線径0.4mm100対以下 or 芯線径0.65mm30対以下			芯線径0.4mm200対以下 or 芯線径0.65mm100対以下		
参加しない	（対象ケーブル）	（単管径）	（管路数）	（対象ケーブル）	（単管径）	（管路数）
	NTTメタル	φ50mm	1管	NTTメタル	φ50mm	1管
	NTT光	φ50mm	1管	NTT光	φ50mm	1管
	CATV	—	—	CATV	—	—
	予備管	φ50mm	1管	予備管	φ50mm	1管

ケース1　／　ケース2

参加する	（対象ケーブル）	（単管径）	（管路数）	（対象ケーブル）	（単管径）	（管路数）
	NTTメタル	φ50mm	1管	NTTメタル	φ50mm	1管
	NTT光	φ50mm	1管	NTT光	φ50mm	1管
	CATV	φ50mm	1管	CATV	φ50mm	1管
	予備管	φ50mm	1管	予備管	φ50mm	1管

ケース3　／　ケース4

- 通信用の幹線は、**図7**に記述しているように、NTTメタル、NTT光、CATVおよび予備管を想定した場合のケースで、単管構造のケースを例示している。戸建の場合は、街区毎を囲む区画道路が格子状にできるため、面的な無電柱化を行う場合の特徴として、交差点すなわち中心角90度級の曲がりが出ること、快適性の向上からクルドサック方式[*5)]の採用など曲線を多彩に織り込んだ区画道路が出てきていることから、施工の柔軟性に富む、単管構造で例示をしている。
- 戸建の既往地中化実績から見た参加企業の代表的な組合せと、幹線部分の構造の関係は、**表1**に示すとおりである。
- 通信用の単管の直径は、**表2**にケーブル種類、ケーブル外形と管路径の関係表を示すが、メタル・光・同軸[*6)]ともにケーブル外径が、33mm以下であればφ50-PV（φ50mmのPV管[*7)]）、34mm以上であればφ75-PV（φ75mmのPV管）となっている。戸建の場合においては、東京都のマニュアルが前提とする都心地域のような高い需要密度ではないことから原則φ50-PVで収納が可能と考えられる。これらのことから配管設計を行う際に、通信参加企業各社が必要とするケーブルサイズを理由も含めて十分に協議を行い、必要配管径を慎重に決定する必要がある。加えて、協議の結果φ75-PVが必要となった場合においても、供給元である電柱立上がり部から、必要最小限の距離となるようにしなければならない。これによりPV管のコスト縮減を狙う。

表2　戸建住宅地での単管路におけるケーブルと管路径の標準例

ケーブル種類			ケーブル外径	規格
電力	低圧	CVQ[*8)]・(SV[*9)])	36～64 (mm)	φ100-RR・CCVP[*10)]、CCVP
	高圧	CVT[*11)]	50～63 (mm)	φ130、φ100-RR・CCVP、CCVP
通信	幹線	メタル・光・同軸	34 (mm) 以上	φ75-PV
			33 (mm) 以下	φ50-PV

注1）上記は戸建の需要特性を考慮した管路径になっており、一般に行われている規制市街地での地中化に用いる管路径とは異なる。
注2）上記は標準であり、管路径の最終確認は参加企業となる電線管理者と調整のうえ決定する。

- 幹線としてのPV管に収納させるケーブルは、最終的に電線共同溝相当または公共管路相当のどちらかで行政移管する方向で検討することから、従来の道路事業で行われている電線類の地中化事業と形式を同じにしておく必要がある。そのため、メタル・光・同軸に関らず1管1条方式とし、PV管の管路径毎に、事故時などの引替え用の予備管1管を用意しておくものとする。
- 参加条数が多くなりボディ管φ150mmの収容条数｛NTTメタルφ50mm、NTT光φ30mm, CATV φ30mmおよびそれぞれの管径に対する予備管（φ50mm、φ30mm）｝に適合する状況になった場合については、単管構造との経済性、施工性の比較検討を経て、ボディ管の採用を行うケースも考えられる。なお、ボディ管は、平成20年度末時点では、曲線施工の多い戸建て住宅の地中化向け通信用幹線管路としては、採用されている実績が無いので、採用に際

しては、事前に曲線施工が多くなることによる経済性（材料費＋工事費）および施工性について十分検討してから採用を評価することが望ましい。

（供給線系）

供給線系の管路配管例を図9、図10に示す。特徴は次のとおりである。

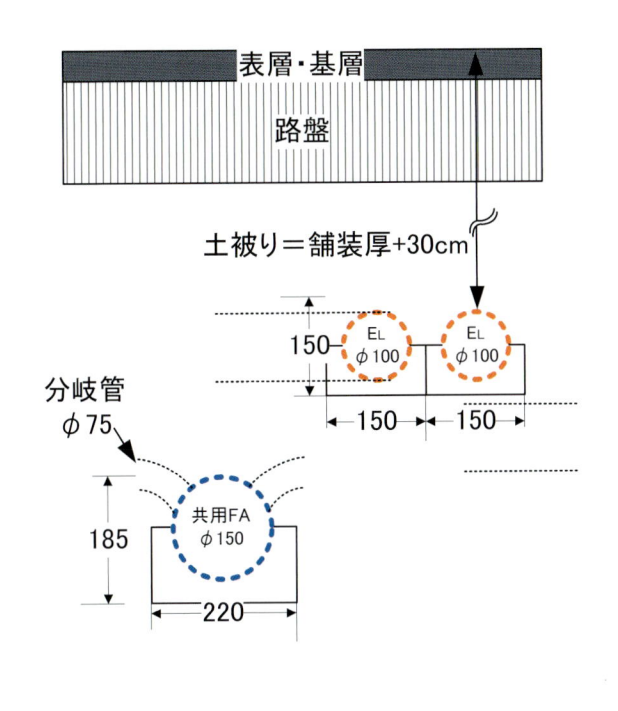

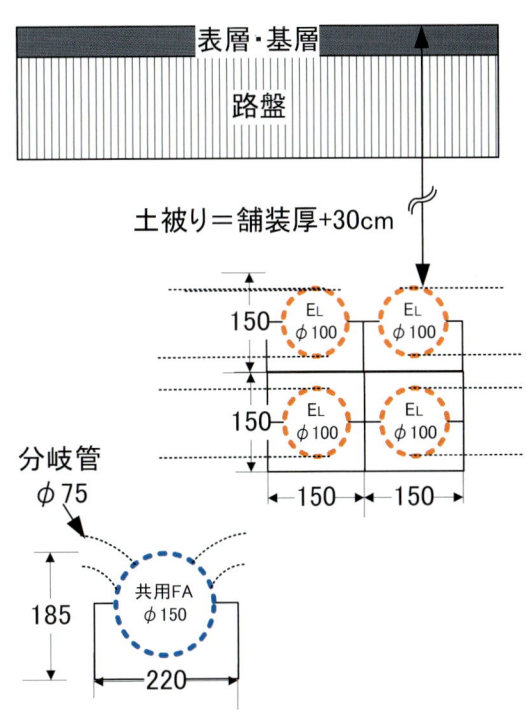

図9　幹線・供給線を分離タイプの供給線部の配管例

図10　幹線・供給線を分離タイプの供給線部の配管例（地上機器近傍で低圧配管が片側で2本ずつ必要な場合）

- 幹線系同様、新市街地での既設埋設物が無いこと、区画道路幅員が狭いことなどから、極力集約化し、コンパクトな範囲にすることを基本に、電力供給線用の低圧管の下位に通信供給用の共用FA管[*12)]を配置する構造としている。
- 電力管を上位にして、通信管を下位にしたのは、引込み管の横断本数の多い電力管を上位にすることで管路敷設工事全体の施工性を良好にするためである。
- 基本構造としては、電力供給用の管が、引込み管として左右の需要家に対して行き来できる水平層を上層構造として設け、その下位に共用FA管から分岐する引込み管が行き来できる水平層を下層構造として設けている。
- 図9については低圧管を2管配置する必要がある例で、図10については低圧管を4管配置する必要がある例で地上機器近傍において生じるパターンである。
- 通信用の供給線は、図9、図10に示しているように、φ150mmの共用FA管に収容するケースを例示している。
- 通信用の供給線は、図9に示しているように、この横断面の状況で、幹線と供給線の分岐点となる「特殊部Ⅰ型[*13)]（電力・通信併設収容）」から、各戸全てに供給できるケースが望ま

しい。しかしながら、「NTTメタルケーブルの引入れ可能最大延長」などの制約から、供給線が敷設される区画道路部分に中継用の「通信専用マンホール（特殊部通信Ⅱ型*14)）」を設置し、そこまで通信幹線を配管する必要性が発生する場合もある。

・**図11**は、通信幹線用の管路構造に単管を適用した場合のものである。図に示すように、特殊部Ⅰ型から出た管路はT字路部分において曲管を適用して配管している。通信管路は、特殊部Ⅰ型から通信Ⅱ型専用マンホールに至るまでの間においては、**図12**に示すように通信用幹線（単管）と供給線（共用FA管）が並行する区間となる。さらに、通信Ⅱ型専用マンホールから先は、**図13**に示すように通信用供給線のみが配管される区間となる。**図11**中にも記述しているが、材料費が主要なコスト要素となる新設戸建住宅地においては、**図12**の「単管＋共用FA管」の区間延長を如何に短くして、**図13**に示す「共用FA管」のみの配管で済むように設計する工夫がコストダウンのポイントとなる。

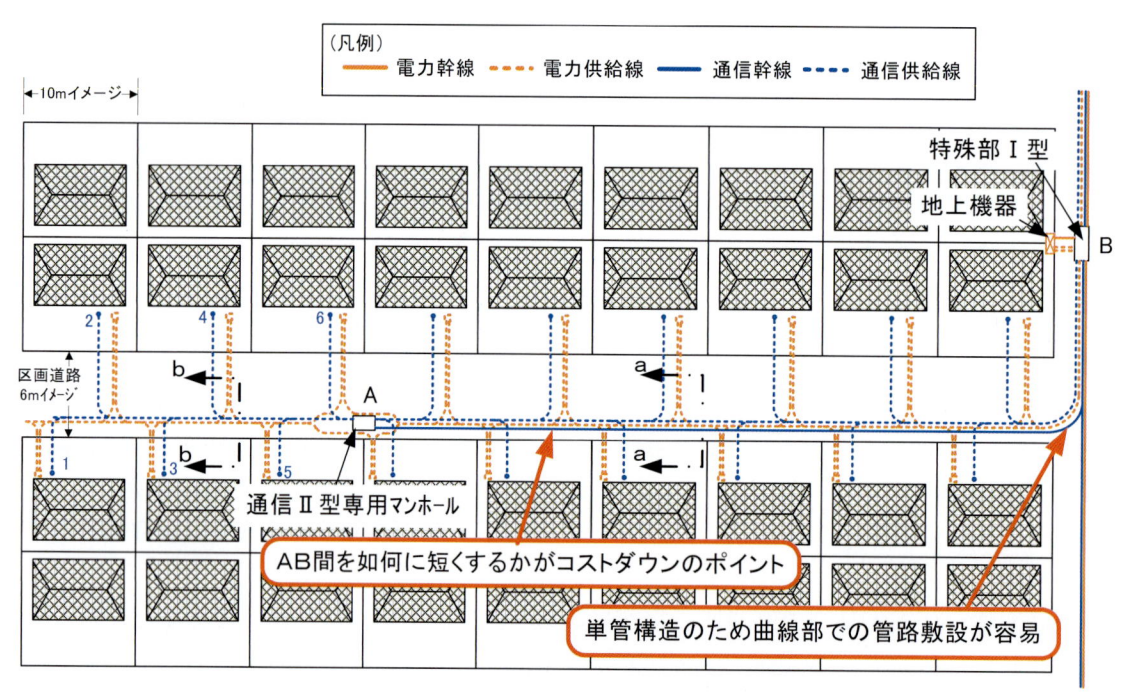

図11　戸建住宅地内での配管例（通信幹線が単管構造の場合）

・**図12**および**図13**のそれぞれには、現存する共用FA管の最小径φ150mmを記述している。戸建住宅地の場合は、参加条数が少ない場合が多いことから、ケーブル条数に見合ったより小径の共用FA管ができると更なるコストダウンに繋がる。この場合、分岐管についても同様に、現状のφ75mmよりも小径となる製品化が望まれる。
・**図14**は、通信幹線用の管路構造にボディ管*15)またはセパレート管*16)を適用した場合のものである。ボディ管およびセパレート管共に、単管に比べ曲線部での施工性が複雑になること、および新設戸建住宅地での曲線管の施工実績が現状では無いことから、**図14**においては特殊部Ⅰ型から出た管路はT字路交差点に設けた通信Ⅱ型専用マンホールを経由することで、曲管の使用を回避する構造にしているが、ボディ管およびセパレート管共に曲線施工が不可能な管材ということではない。通信管路は、幹線がボディ管の場合においては、特殊部

図12 図11中の断面 a-a の管路

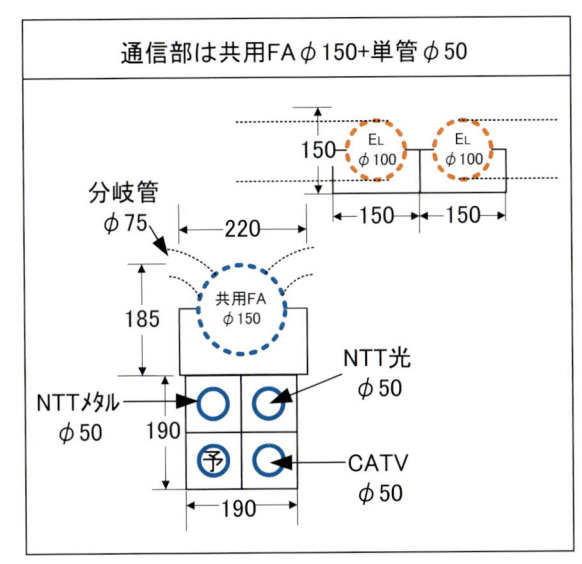

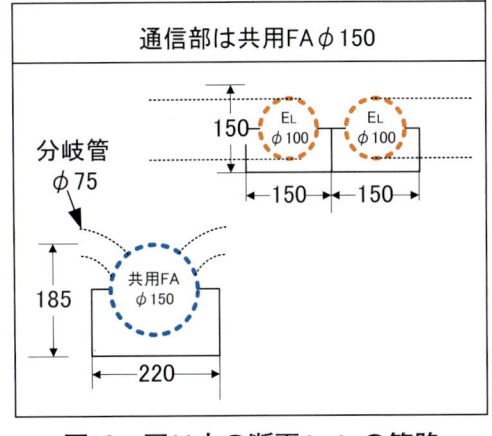

通信部は共用FAφ150+単管φ50

図13 図11中の断面 b-b の管路

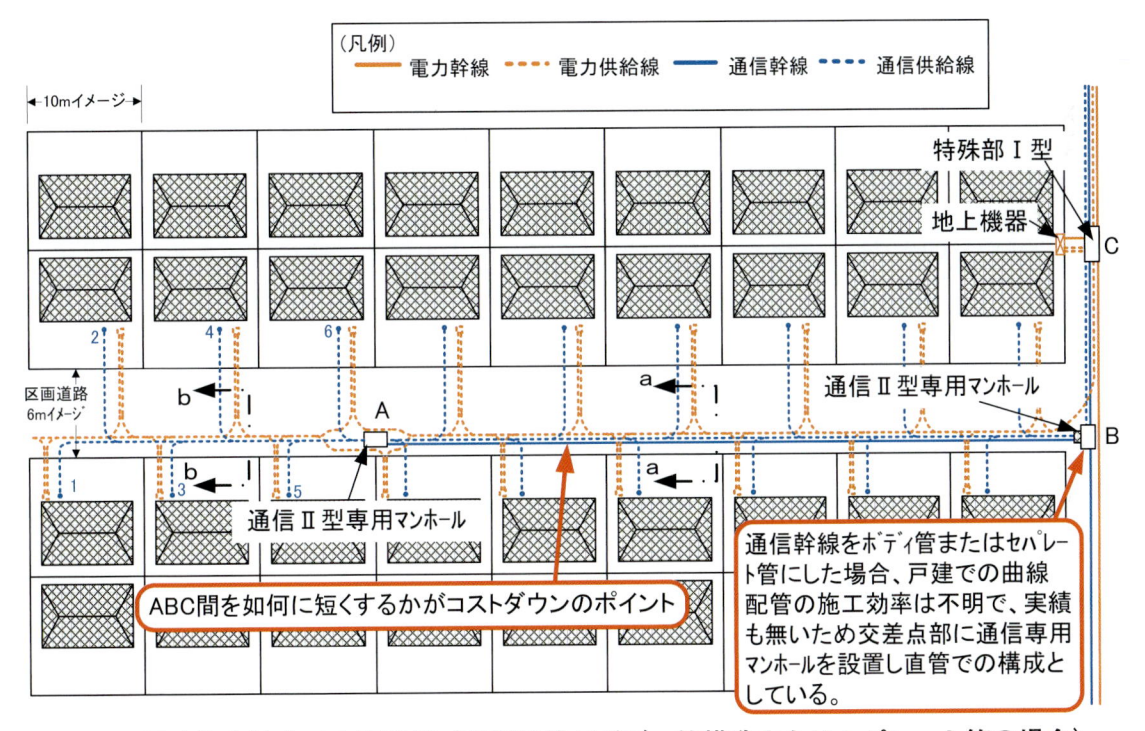

通信部は共用FAφ150

図14 戸建住宅地内での配管例（通信幹線がボディ管構造またはセパレート管の場合）

ABC間を如何に短くするかがコストダウンのポイント

通信幹線をボディ管またはセパレート管にした場合、戸建での曲線配管の施工効率は不明で、実績も無いため交差点部に通信専用マンホールを設置し直管での構成としている。

Ⅰ型からT字路交差点に設けた通信Ⅱ型専用マンホールを経由して、次の通信Ⅱ型専用マンホールに至るまでの間においては、図15に示すように通信用幹線（ボディ管）と供給線（共用FA管）が並行する区間となる。同様に幹線機能と供給線機能を1管内に分割収納させたセパレート管の場合においても、図16に示すように幹線機能と供給線機能が並行する区間となる。供給線機能のみ必要な通信Ⅱ型専用マンホールから先は、図13に示すように通信用供給管（共用FA管）のみが配管される区間となる。図14中にも記述しているが、前述した通信用幹線が単管の場合と同様、材料費が主要なコスト要素となる新設戸建住宅地においては、図15または図16に示した「ボディ管＋共用FA管」または「セパレート管」の区間延

図15　図14中の断面a-aの管路

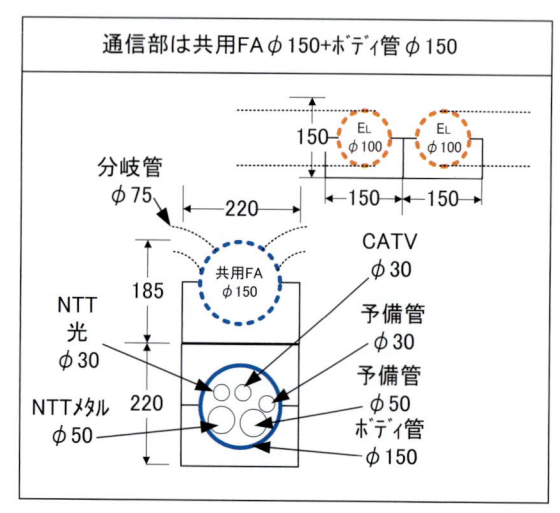

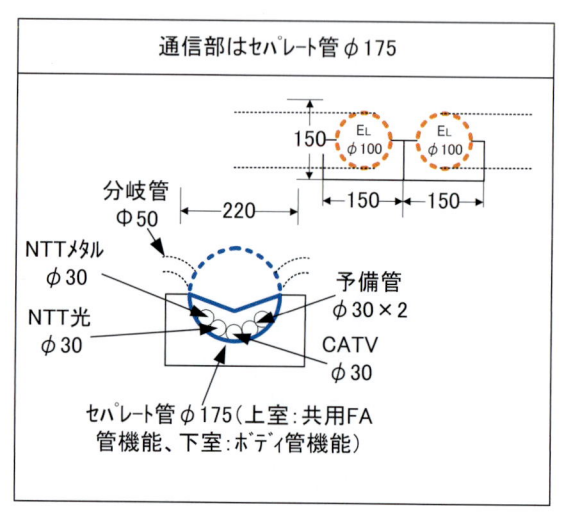

図16　図14中の断面a-aの管路

長を如何に短くして、図13に示す「共用FA管」のみの配管で済むように設計する工夫がコストダウンのポイントとなる。

- 図11および図14の解説の中で記述している、「幹線と供給線が並行する区間を短くする工夫がコストダウンのポイントとなる」の内容は、言い換えれば「通信供給線（共用FA管）のみの配管で済む区間を長くする」ということになる。「通信供給線（共用FA管）のみの配管で済む区間」は、NTTが実施した共用FA管を用いた通信線の引入れ実験を経て、通信供給線（共用FA管）の特殊部から供給する引込み件数の上限と、通信メタルケーブルの引入れ時の張力に抵抗できる引入れ延長から決定している。具体的には、特殊部から供給する引込み件数の上限については図17に示すように、「通信Ⅱ型専用マンホール」を中心に、一方の妻壁から6軒（したがって、図17中の通信Ⅱ型専用マンホール（A）から供給されている①～⑥のように区画道路中央から両側の家に配る場合は、それぞれの側の家に3軒分）供給するパターンが標準である。さらに、他方の妻壁からも同様に6軒供給することが可能なので、併せて一箇所の「通信Ⅱ型専用マンホール」からは12軒まで供給することが可能となる。なお、開発地境界付近で図17中の通信Ⅱ型専用マンホール（B）から供給されている1～6のように、区画道路から片側の家だけに供給するパターンにおいては、一方の妻壁から6軒供給できる制約条件の他に、「宅内の引入れ位置（通信宅内分岐桝など）」から「特殊部Ⅰ型」または「通信Ⅱ型専用マンホール」までの引入れ延長は、実験で確認されている最大55m以下でなければならない。よって、各戸の幅が長い宅地については、引入れ延長の制約により6軒まで供給できないケースも発生する場合もある。このように、主に引入れ面での制約から通信メタルケーブルの対応として、供給線の中間に中継用「通信Ⅱ型専用マンホールなど」を設置し、そこまで幹線を接続しなければならない場合がある。なお、この条件を設定する上で行った実験に用いた管の仕様は、現行使用されている「共用FA管φ150mm＋引込み管φ75mm」である。
- 通信幹線用の管路構造としては前述のように大別して、「単管」構造と「ボディ管またはセパレート管」構造がある。幹線の収容性能としては、「単管」と「ボディ管」については、直径がφ50mmの管が用意されているため外径33mm以下のケーブルまで対応可能である。

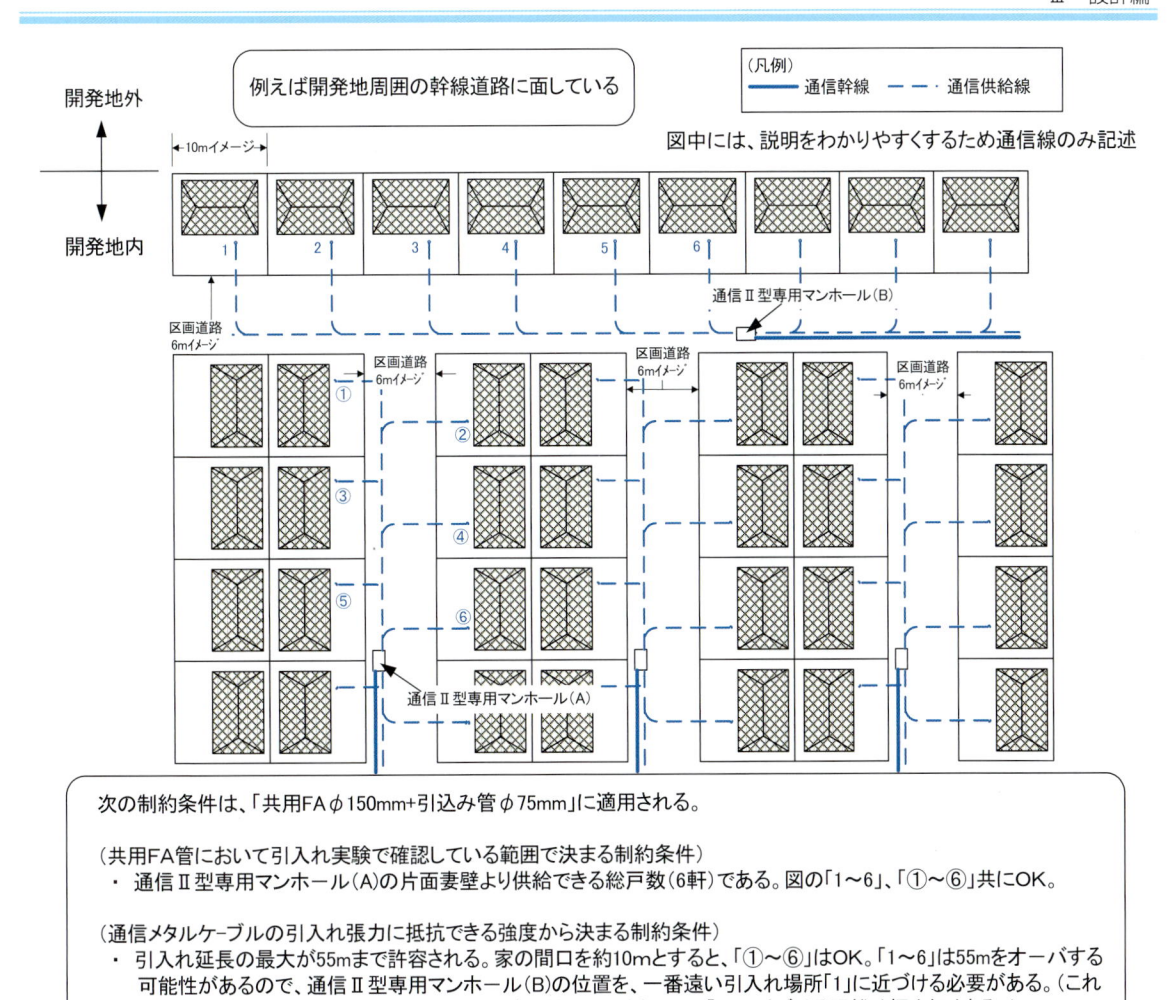

図17 通信Ⅱ型専用マンホールと供給線の引入れ条件の関係

一方、「セパレート管」は、適用範囲として小規模需要を前提に構築された管であるため、直径が φ30mm のみで構成されていることから、外径20mm以下のケーブルまでの収容を前提として構築された管材である。したがって、先ずは参加する電線管理者のうち通信事業者が要望する必要な管径として、φ50mm 管を要望する事業者がある場合は「単管」および「ボディ管」の比較設計となり、φ30mm 管のみで要望が満足する場合は「単管」、「ボディ管」に加えて「セパレート管」の比較設計となる。特に、T字部分や交差点においては、単管については容易に曲線配管施工が可能であることを豊富な施工実績で確認できていることから「単管における曲管施工の費用」としての経済性の検討で済むが、「ボディ管」および「セパレート管」については「直管＋曲り部での曲管を使わないために必要な通信Ⅱ型専用マンホールの費用」と「曲り部についてもボディ管やセパレート管で曲管施工を行う費用」の2パターンを含めた経済性の検討を行うことになる。なお、管路構造を選択するための総合的な評価は、直線部および曲線部を含めて、「材料費＋施工費」で行うことになる。なお、現時点で「ボディ管」または「セパレート管」による新設戸建住宅地造成における施工環境下で適用実績が無いことから、既成市街地で適用される現場での実地調査などで確認するなどして採用の検討を行うことが望ましい。

（3） 特殊部の設計

　　特殊部は、戸建住宅地における需要の特徴を活かしたコストダウンを設計で検討する。戸建供給に見られる具体的な特徴としては、次の内容がある。
- 特殊部の大きさは、参加電線管理者数、参加条数が少ない（需要密度が小さい）特徴を活かして特殊部規模の縮小化を図る。
- 参加条数が少ないことから、電力系および通信系の特殊部は、極力共有化を図る。
　特殊部の構造は次の手順で検討を進めることが適当である。

① 電力系高圧ケーブルの引入れ、通信系共用FA管内の供給線ケーブルの引入れ、およびクロージャーの設置などを目的とした特殊部の設置位置を検討する。特殊部構造は、共有化を図るために、特殊部Ⅰ型（1200×1800×3000）を採用する。

② 図17に記載している共用FA管で供給できる範囲に係る制約条件によって、通信専用マンホールが必要な場合は、特殊部通信Ⅱ型 ｛東京都の場合（900×1500×2200）、東京都以外の場合（950×1500×2200）｝の採用を基本とする。

③ 特殊部Ⅰ型および特殊部通信Ⅱ型は、首付きの丸型鋳鉄蓋構造を標準とする。

④ 地上機器桝に作用する荷重については、その設置位置が道路では無く、公園、緑地、ゴミ置き場および画地を部分割愛した用地になる場合が多いことから、地上機器桝の構造設計に用いる荷重については、移管先の市区町村、電力会社など関係機関と、設置位置の周辺環境を考慮した荷重の緩和措置について検討することが望ましい。

⑤ 特殊部Ⅰ型と地上機器桝を接続する構造は、管路構造または鉄筋コンクリート性のダクト構造*17)が選択肢として考えられるが、他の埋設物との離隔関係なども考慮しつつ経済性を比較検討して選定することが望ましい。

⑥ 電力用の宅内分岐桝は、設計者が宅内分岐桝の内空寸法や蓋の重さなどについて、宅地引渡し後に居住者との関係において、恒久的に維持管理や事故時復旧を行う電力会社の意見を聞き、その要求性能を構造に反映させることが望ましい。その上で、施工性および外溝仕上げ仕様との調和も踏まえて経済的な構造となるように検討しなければならない。

⑦ 通信用の宅内桝については、電力用のように分岐体を置くための機能としての必要性は無いものの、宅内桝から屋内側への管路品質に関する責任区分を明確にするために宅内桝を設置することが望ましい。設計者は通信用の宅内桝について必要な性能を、宅内桝に入線する参加通信企業者の意見を聞き、その要求性能を構造に反映させることが望ましい。その上で、施工性および外溝仕上げ仕様との調和も踏まえて、経済的な構造となるように検討しなければならない。

⑧ 通信用宅内桝から住宅の屋側に至る、住宅を建設する会社が敷設する管路については、将来的に亘りケーブルの引替えや地中化の通信部分に参画した複数社が入線する可能性があるため、事前に通信やCATVなど参画企業と管路構造や管路線形などについて協議することが最終的な居住者にとって望ましい。

① について

　戸建住宅地の需要特性から、電力と通信共に、ケーブル条数は小規模となる。この様な条件にも関らず、高密度で多様な需要形態の需要家を沿道に抱える主要幹線道路*18)に面した既成市街地向けとして整備されてきた既存の電線共同溝構造の特殊部をそのまま戸建住宅地に適用することは、不経済となり好ましくない。しかしながら、最終的に当該地区町村への円滑な移管を念頭に置いた場合、構造については道路事業として実施する電線共同溝事業で適用されているものを使用することが妥当であると考えられる。このような制約条件下で、比較的安価な構造として考えられるのが電力および通信ケーブルを併設できる共用特殊部としての特殊部Ⅰ型である。

　既成市街地での電線共同溝の特殊部は、特殊部Ⅰ型のように幅が電力・通信併設のために広くなる構造であると、既設埋設物の輻輳度によっては、特殊部の共有化による材料費のコストダウンよりも、幅が広くなることにより既設埋設物の移設工事費が増大してしまいむしろコストアップになってしまうこともある。そのため、既成市街地で適用される特殊部は、電力および通信それぞれに専用の特殊部を設け分散配置することにより、既設埋設物の移設工事費を抑制する場合もある。

　その点、本書が対象とする新設される戸建住宅地においては、既設埋設物が無く移設工事費も発生しないことから、特殊部が多少大きくなっても、共有化による材料費のコストダウンを指向したほうが経済的になるためである。

　また、交差点部や地上機器桝との接続部に設置される特殊部においては、曲線敷設するケーブルのオフセットの関係から、特殊部の側壁部に凸状の拡幅部を設けたり、特殊部を長くする等、特殊部構造について改造版が出てくる場合もあることを設計者は理解しておく必要がある。

② について

　「通信専用マンホール」は、新市街地の宅地造成と共にハンドホールを敷設することから、既成市街地の埋設物が輻輳する狭隘な道路空間に既設埋設物を避けて敷設する必要は無い。このため、むしろより低価格を思考して、標準品として生産されていた製品の中から、通信専用特殊部に求められる目的（メタル用のクロージャー、光用のクロージャー、CATV用のタップオフ、それぞれの単体使用または複合使用により必要内空が異なる）を包含する適切な大きさのものを市販の製品から選択することが適当である。加えて、参加するNTTを始めとするCATVなどの通信系電線管理者の承諾も必要となる。これら条件を満たし、電線共同溝構造として市場実績の豊富な特殊部通信Ⅱ型を基本としている。寸法は、移管を円滑に行うために、マニュアルで寸法を制定している東京都で戸建開発を行う場合については900×1500×2200とした。東京都以外では、独自のマニュアルが無くNTTの意向で国土交通省の仕様に従い950×1500×2200を標準とした。実績からも同様な寸法の特殊部が適用されている。

　この他に、「国土交通省H6型（NTT3号ハンドホール）｛平面内空：幅600mm×長さ1200mmで深さは継胴により段階的に調整可能｝」が考えられるが、NTT内部で全社的に了解を得ていないため、個別に承諾の折衝が必要となる。

③ について

　土地区画整理事業または開発行為による宅地開発を俯瞰すると、多くの場合は、歩道の無い（車道のみの）区画道路（行政にもよるが、幅員6mが多い）が支配的である。したがって、特殊部は、車道部となる区画道路内に埋設されることになる。このため特殊部の構造は、**図18**、**図19**に示すように、首付きの丸型鋳鉄蓋構造を標準とした。

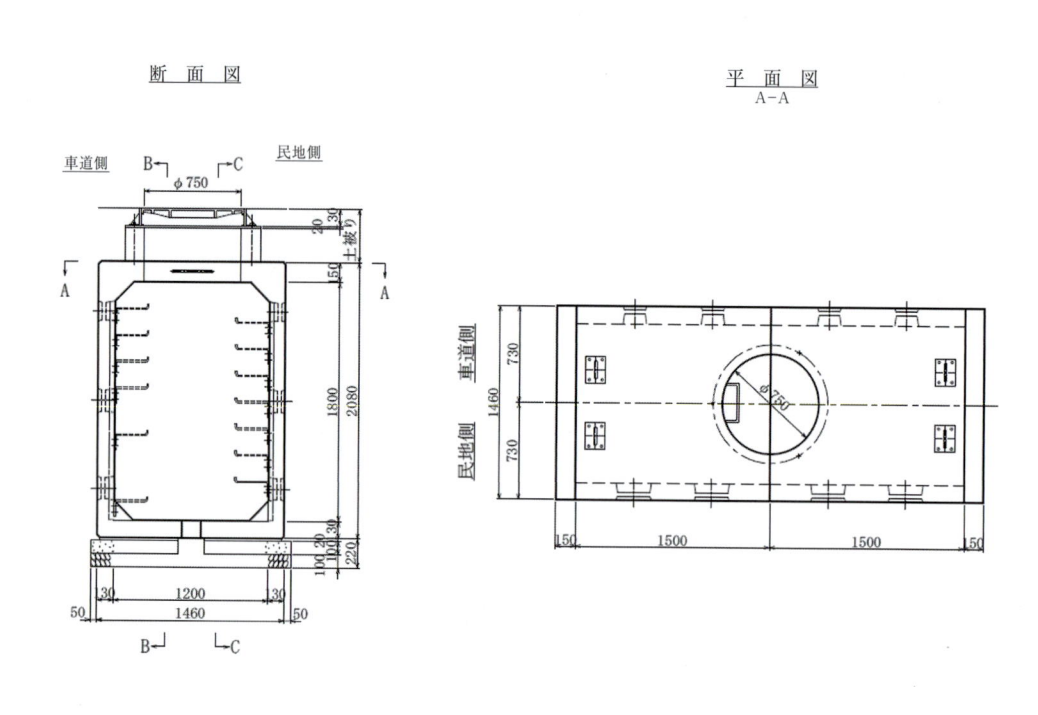

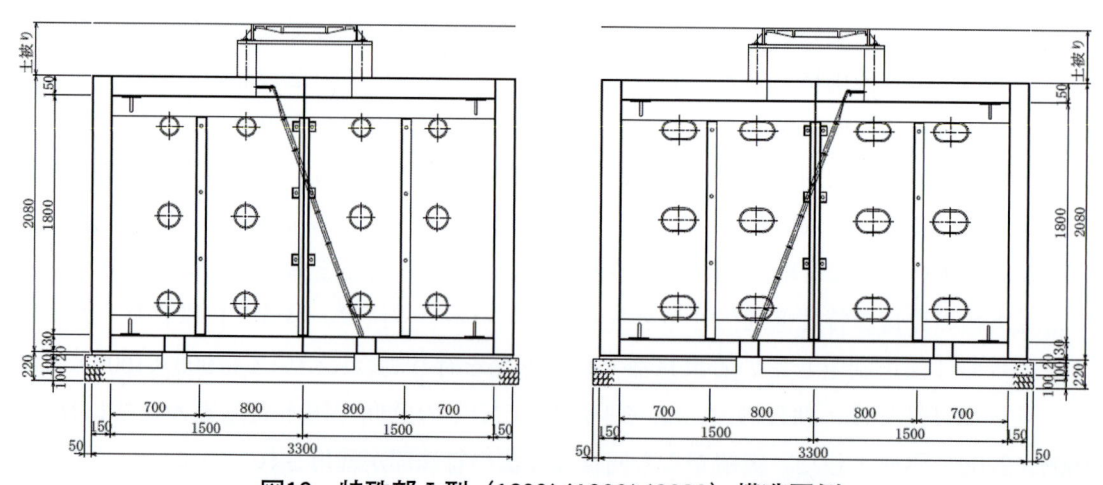

図18　特殊部Ⅰ型（1200×1800×3000）構造図例

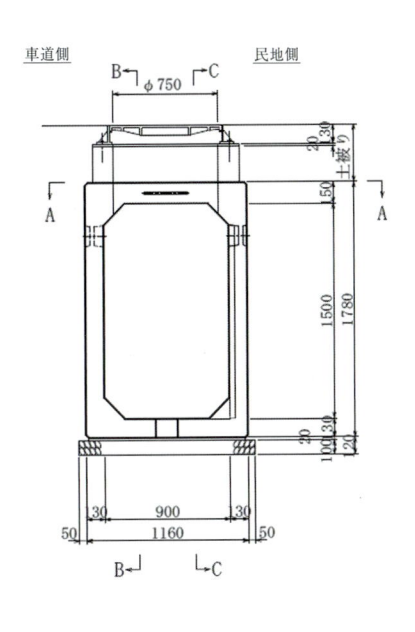

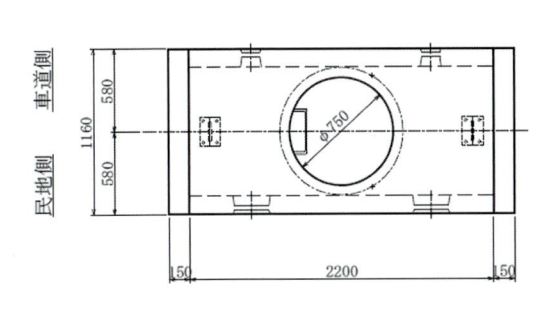

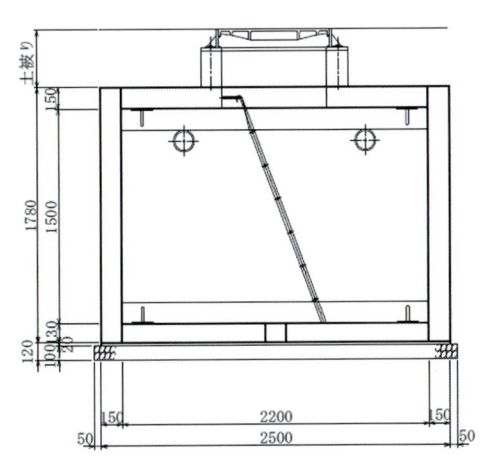

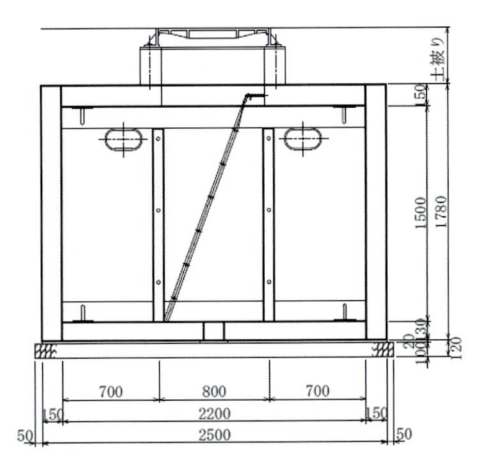

図19　特殊部通信Ⅱ型（900×1500×2200）構造図例 {東京都の場合}

　宅地開発では、造成工事の特性上、道路を作りながら特殊部の埋設を行っていくため、掘削費などの土工事費も既成の道路上での工事に比べ安価で舗装壊しも発生しない。また、掘削範囲が深くなり規模が大きくなっても既設埋設物が存在しないため、既設埋設物絡みの支障問題は発生しない。すなわち、土工事費は極めて小さいことになる。したがって、費用のほとんどは、材料費となり、幹線道路の歩道部で用いられる全面開放型の特殊部構造で最もコストに占める鋳鉄蓋（**図20**）の部分を抑えることのできる丸蓋構造となり、結果としてコストダウンになっている。

このことから、上述した宅地開発における造成工事の特性を考慮すると、歩道部やその他の空地に特殊部を設置する場合においても、全面開放型ではなく、首付きの丸型鋳鉄蓋構造が経済的であることが理解される。

④ について

宅地開発においては、ほとんどが歩道を有しない区画道路となる。そのため地上機器は、緑地、ゴミ置き場および画地を部分割愛して設置せざるを得ない状況となる。その設置箇所は、多くの場合車両が物理的に進入できるような場所ではない。そのため、地上機器桝に作用する上載荷重としての交通荷重については緩和できる要素が存在している。東京都の電線共同溝整備マニュアル（平成18年4月版）においては、歩道部に埋設する特殊部の蓋の設計条件としては、地上機器桝を除く特殊部については交通荷重としてはT-25[*19]で衝撃係数[*20] i＝0.1、地上機器桝については交通荷重としてはT-8で衝撃係数i＝0.1と荷重が緩和されている。

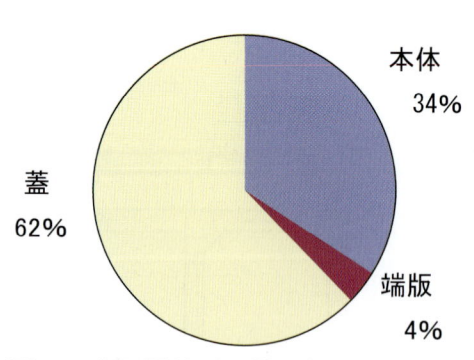

図20 全面開放型の特殊部Ⅰ型のコスト構成

特殊部Ⅰ型
本体 34%
蓋 62%
端版 4%

⑤ について

特殊部Ⅰ型と、地上機器桝を接続する構造については、戸建住宅を含めて街全体の耐震性のグレードに併せたものにすることが望ましい。この接続部分のみ特化した耐震性を持たせる必要性はないことから、全体バランスに調和した形での接続部構造とする方が望ましい。具体的には、管路構造で接続する場合、もしくは鉄筋コンクリート製のボックスを繋ぎ合わせて接続する場合が適当であろう。両者が設置できる環境であることを確認後、経済比較で選択する方向を示している。

⑥ について

電力用の分岐桝は、低圧供給線を各戸に供給するために、写真1に示す低圧分岐接続体を設置する目的で必要となる。分岐桝は、新設される戸建住宅地の地中化が対象になる場合、低圧分岐体の部分が、電力会社財産（引込線）と需要家財産（内線）との責任財産分界点となり、分界点については需要家の敷地内に置かなければならない。このことから、低圧分岐体を収納する電力用宅内分岐桝についても、需要家敷地内に置くことが原則となる。加えて、分岐桝を需要家敷地内に置く結果、道路構造令の適用外になり、自動車荷重も宅地内であれば乗用車荷重程度になることから、車道部に設置する他の特殊部に比べて蓋構造も簡素化でき、コスト縮減が可能となる。

しかしながら一方で、現状の宅地内に分岐桝を置いた場合の課題としては、次に示す事項が挙げられる。

・分岐桝の所有者は、桝構造の検討時点では開発者であり、最終的に当該住宅地の購入者など画地の所有者となる。電力会社は桝構造の検討時点においては、開発者または開発者の命を

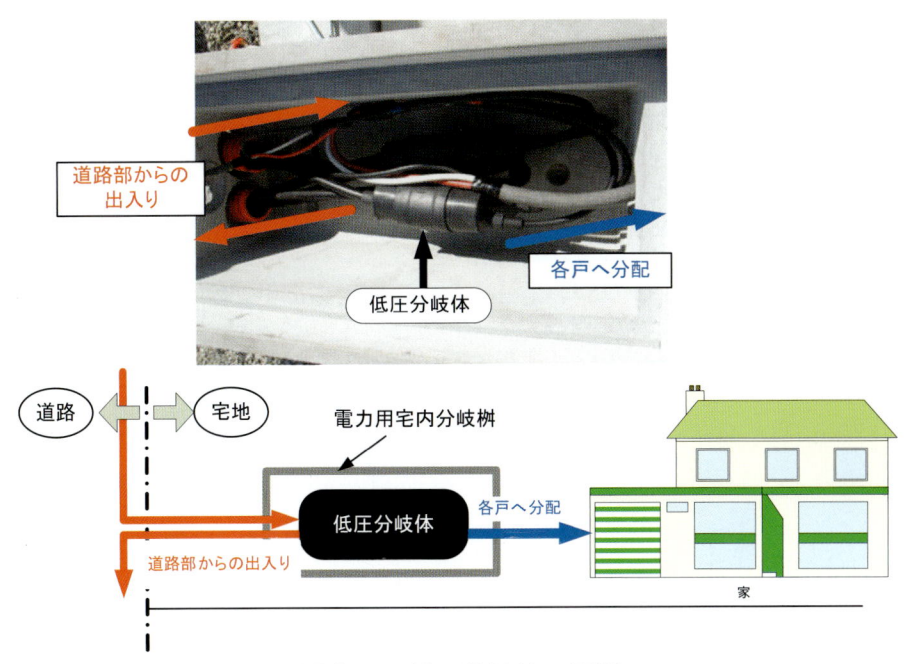

写真1　低圧分岐体の概観

受けた設計者と協議を行う。この時点で電力会社は、ケーブル接続や引替えなどの電気工事などに必要な平面内空寸法の条件提示を行い、具体的にはお客様の所有物であることから分岐桝の構造細目までは要請はしていないのが実情である。そのような背景もあってか、現状の宅内桝は、従来から歩道上で使われてきた低圧分岐桝をそのまま宅内に持ってくるケースが一般的であり、歩道上で桝に取り付く管路の土被りの確保から、深い構造になっている。このことから、桝の中に収容される分岐体とケーブルの接続作業は困難を強いられている状況にある。今後は宅内という環境を上手く利用した桝の構造改善が望まれるところである。

・分岐桝の蓋についても、歩道上では鋳鉄製の蓋であったものを、宅内に入れることにより仕様を見直してコンクリート製の蓋、もしくは鋳鉄とコンクリートの合成構造の蓋を採用しているケースが見られる。この蓋が60（kgf/枚）以上あるものもあり、開閉にも苦労している場合もあるため、軽量化を図る工夫が必要となる。

・宅内分岐桝の多くは駐車場スペースに設置される。このため、外構としての床面仕上げ状況（例えば、インターロッキング、カラータイル、コンクリートの直打ちなど）に対して調和が図れる柔軟性の高い蓋構造になっていることが望ましい。特に電力用の分岐桝は、平面サイズも大きいので、柔軟性の可否が仕上げ状況の美観に影響する。このため、宅内分岐桝の総コストは、「分岐桝本体のコスト＋蓋表面仕上げコスト」になる。ところが開発事業者など発注者側が、契約上で分離してしまい、桝本体のコストについては地中化工事を行う建設会社に対するもので、蓋表面仕上げコストについては外溝工事を行う工務店に対するものになってしまう場合がある。この場合、地中化工事の段階で一見、桝本体が安価ということで採用してしまう危険性もあることに注意しなければならない。必ず蓋表面仕上げコストも加味した総コストで評価することが必須である。**写真2**に、外構としての床面仕上げ状況と同化させた電力用の宅内分岐桝のモンタージュ写真を示す。

（電力用宅内分岐桝の概観）　　（宅内分岐桝に収納された低圧分岐接続体）
写真2　外構と床面仕上げを同化させた電力宅内分岐桝のモンタージュ

・駐車場スペースなどに設置される宅内分岐桝は、道路に面して駐車場の長辺方向が道路軸と直角方向に配置されるか、道路軸と平行方向に配置されるかで、確保される宅内分岐桝と道路境界との離隔が異なってくる。一方、道路下で約70cm以深に埋設されている電力管路を宅内分岐桝の管口深さまで浅くするためには宅内分岐桝と道路境界との離隔がある程度必要となる。このため例えば、図21に示すような、深さが異なる分岐桝を用意して柔軟に対処する方法も必要となる。
・電力宅内桝の商品メニューには、複数の構造がある。これらは民地で使用する製品になるので、建設時における所有者である開発事業者が、既往の適用実績や価格と、当該の電力会社が求める性能について、複数の商品メニューについて総合的に検討し決定することになる。

⑦　について
　通信用の宅内桝は、電力用のように分岐体を置くための機能としての必要性は無いものの、道路側から宅内桝への引込み管部分と、そこから屋内に続く宅地内管路部分の施工会社が異な

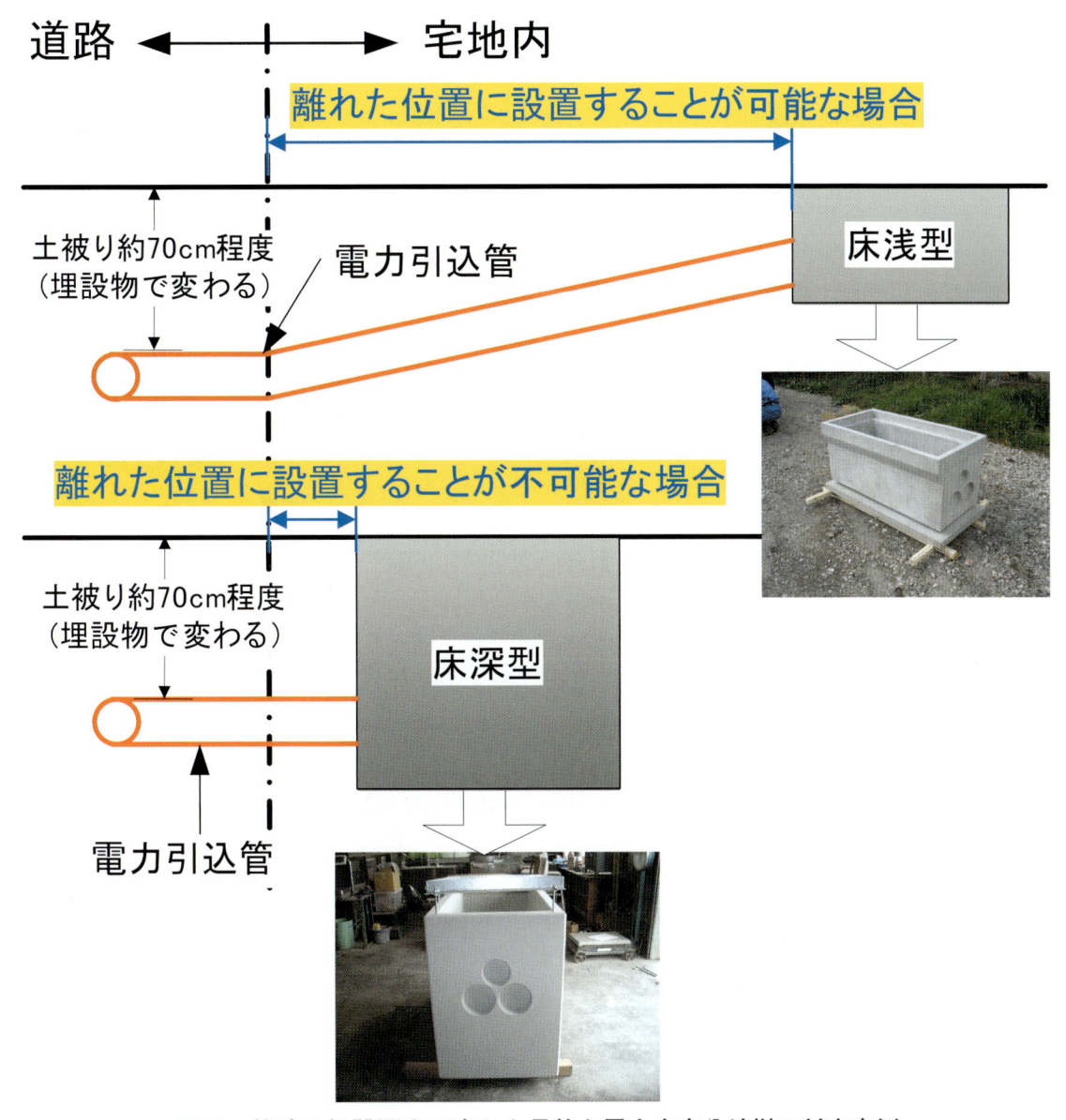

図21　管路の埋設深さに応じた柔軟な電力宅内分岐桝の対応事例

ることから、それぞれの管路部分の品質に関して責任区分を明確にしておかないと、ケーブル引入れ時に管路の不具合により通線できないという事象が発生した場合、管路の品質に対する責任の所在でトラブルの要因となるため設置することが望ましいとしている。

　宅内桝の総コストは、「桝本体のコスト＋蓋表面仕上げコスト」になる。ところが開発事業者など発注者側が、契約上で分離してしまい、桝本体のコストについては地中化工事を行う建設会社に対するもので、蓋表面仕上げコストについては外溝工事を行う工務店に対するものになってしまう場合がある。この場合、地中化工事の段階で一見、桝本体が安価ということで採用してしまう危険性もあることに注意しなければならない。必ず蓋表面仕上げコストも加味した総コストで評価することが必須である。

　外構としての床面仕上げ状況に対して調和が図れる柔軟性の高い蓋構造を持った通信用の宅内桝の例を**写真3**に示す。

また、通信用の宅内桝と通信管の接続方法の事例を、**図22**に示す。**図22**のとおり、通信管を宅内桝の底面から接続する方法もあれば、宅内桝の側面から接続する方法もあり、両方法とも既往の戸建住宅地において豊富な実績を有している。

　通信管は電力管と異なり、宅内桝までは複数の通信系電線管理者や多様な種類のケーブルが1管の中に混在している共用管が基本となるが、宅内桝から家屋側については参画する電線事業者で協議を行い、その構造を共用管にするか電線事業者毎に1管に分けるかを協議して決定することが基本となる。このことから、宅内桝の中における通信管の端部構造は、通信ケーブルを分ける性能を有している構造にしておく必要がある。加えて、通信管（共用管）端部からの土砂や水の浸入を防ぐ構造も必要になる。そのため、**図22**に示すように通信管（共用管）の端部に、防水機能を有する通信ケーブルの

写真3　床仕上げに柔軟な蓋構造を持った通信宅内桝例

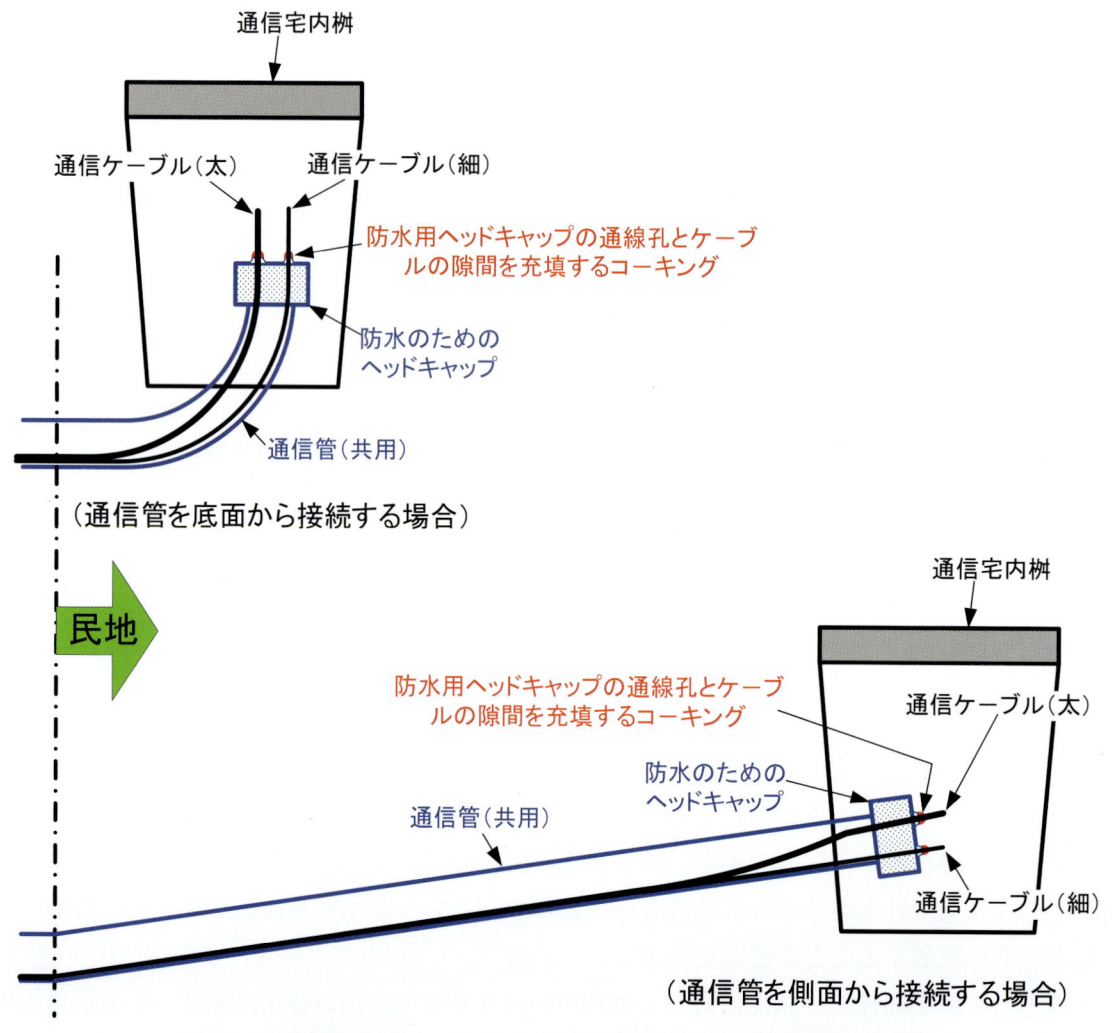

図22　通信用宅内桝と通信管の接続方法および防水構造の事例

分散を行う構造を持つヘッドキャップを取り付け、さらに通信ケーブルを通線させる時に、ヘッドキャップの通線孔がどうしてもケーブル径に対して大きくなるため、その隙間から土砂および水の浸入を防ぐ目的で、通線後に隙間を充填するコーキングを行う概要になっている。

通信用宅内桝とそれに接続する通信管（共用管）の構造と材質、およびヘッドキャップ部分の構造の商品メニューには、複数の種類がある。これらは民地で使用する製品になるので、建設時における所有者である開発事業者が、既往の適用実績や価格と当該の通信・放送会社が求める性能を複数の商品メニューについて総合的に比較検討し決定することになる。

⑧ について

電力および通信共に、道路に敷設された管路または特殊部から、宅地内に設置された電力用宅内桝および通信用宅内桝までの管路は、道路部において電線共同溝または公共管路を敷設する開発事業者の宅地造成部門が完成後の管路構造を当該行政に移管するまで管轄することになる。

一方、電力用宅内桝および通信用宅内桝から、新設される住宅の壁際までの管路敷設は、開発事業者の住宅建設部門が外構工事として管轄することになる。

そのため、電線共同溝などに参画した電線管理者が、最終的なエンドユーザが居住する住宅まで、一貫してケーブルを通線させるための管路を繋げる必要がある。

本書は、道路から宅内分岐桝までの設計の考え方に力点を置いて記述しているが、最終的に電線共同溝などに参画する電線管理者にとっては、各戸に至るまで連携しなければ参画する意味をなさないし、居住者にとっても多様な選択メニューが限定化されてしまうことになる。

そのため、電力用宅内桝および通信用宅内桝から、新設される住宅の壁際までの管路敷設についても、管の形状寸法および線形についてケーブル引入れ面で問題が発生しないように、開発事業者の住宅建設部門が、地中化に参画する電線管理者と調整・協議することが必要となる。

電力は、当該の電力会社に限定されるため電力単独管として、電力用宅内桝から新設される住宅の壁際までの管路敷設について協議すれば良い。

これに対し通信・CATVは、通信とCATVの別々の会社が参画する場合が多いので、通信用宅内桝まで共用FA分岐管で1管にて通信用宅内桝まで敷設している管を、通信用宅内桝から住宅の壁際まで敷設する管については、**図23**のように共用FA分岐管と同規模の共用管1管で敷設すべきか、**図24**のように参画する通信系の電線管理者それぞれの単独管（規模は共用管よりも小さく複数本必要になる）として敷設すべきかを、開発事業者および参画する通信系の電線事業者で協議を行う必要がある。

この調整を外構工事実施前に調整しておかないと、外構完成後に管路を追加敷設しなければならない場合が生じ、完成した外構を壊さなければならなくなり、非効率になる。そのため必ず参画する電線管理者の全社に声を掛けて宅内桝から住宅の壁際までの管路敷設方法を調整する必要がある。特に、宅内桝から住宅の壁際までの管路には、価格が安価なことと曲線敷設が容易であることからエフレックス管の採用が、開発事業者の住宅建設部門の標準仕様になっている場合が多い。そのため、将来のケーブル引替えや後発で参入する企業者のケーブル引入れを不可能とする曲線線形で管路を敷設してしまうケースが発生している。その結果、住宅購入

者に所有権が移転後、外構を壊さないとケーブルの引替えや引入れができないことになり問題となることから、宅内桝から住宅の壁際までの管路敷設方法について、開発事業者の外構工事を担当する住宅建設部門が、参画する電線管理者と調整することが望ましい。

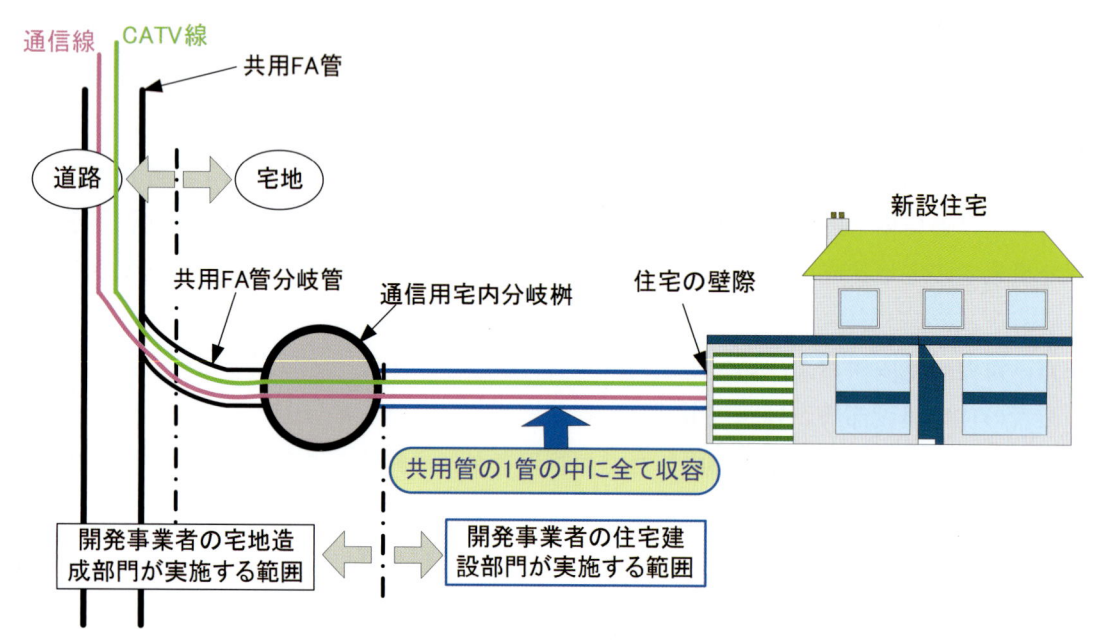

図23　通信用宅内桝から住宅までの配管例（共用管に収容）

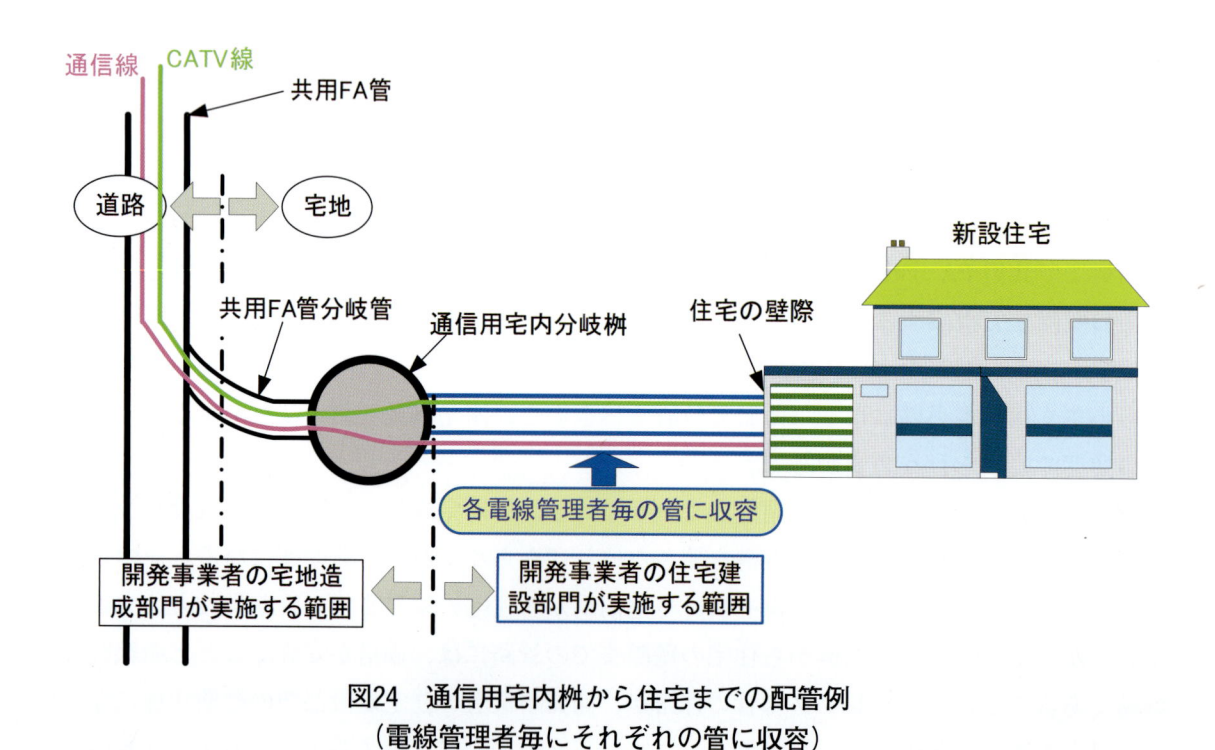

図24　通信用宅内桝から住宅までの配管例
（電線管理者毎にそれぞれの管に収容）

2 裏道からの架空方式および地中方式における設計

2-1 前提条件

　裏道を活用した架空方式および地中方式は、区画道路[*21)]上の視野から隠れる部分となるため、そこに高さなどに配慮した架空設備を併用することにより、区画道路上からの景観を損なわずに無電柱化費用を低減できる見込みがある。これらのことから、区画道路上での幹線の地中方式と併せて、供給線に裏道では架空方式を採用することによりコストダウンを目指すことを前提としている。

　さらに裏道は、最終的な構造および所有権者の形態にもよるが、区画道路に比べて埋設条件に関して規制が緩和され、例えば上載荷重の軽減化など設計面からコストダウンできる可能性を有する。これらのことから、区画道路上での幹線の地中方式と併せて、供給線に裏道の地中方式を採用して、コストダウンを目指すことを前提としている。

　なお、裏道により宅地面積が、「減少する」、「地上での使用制限を受ける」ことから、実用上の有効宅地面積が減少することになるので、その不動産価格の減少分と、無電柱化費用のコストダウンのトレードオフになることを採用上の留意事項として理解しておく必要がある。

2-2 架空方式

　裏道で架空方式を適用する場合においては、次の点に関して電力・通信事業者と協議調整を行う必要がある。

① 架空方式のため、電柱や配線設計は、電力会社、NTTおよびCATVの各会社が行うことになる。電柱については、電力会社およびNTTとの相互調整によりどちらかに所有してもらうケースがほとんどであり、電柱所有者以外の会社が電柱に共架[*22)]することとなる。但し、当該需要家のための専用の引込小柱については、当該需要家が設置する。

② 架空設備の保守点検、設備更新および事故の緊急復旧対応のために、管理用通路として必要な幅と、裏道沿いの各戸の住民に了解を得なくても管理時に裏道に入れる条件が必要となるため、その点については電力・通信事業者、特に設備が事業者間で相対的に大規模な電力会社とは詳細に協議を行う必要がある。

③ 裏道に設ける電力用変圧器は、電柱上部に据え付ける柱上変圧器と地表面に据え付ける地上用変圧器とがあり、両者は価格と景観においてトレードオフの関係にある。この選択は、開発地の環境や開発コンセプトによるので、総合的な視点から行われることが望ましい。

〔解説〕

① について

　宅地開発の電力供給および通信供給は、通常の申し込みの場合、区画道路に面した画地内に電柱を建てて、架空線で供給している。その場合も、電柱の所有者については、電力会社とNTT（架空設備担当の会社）が協議してお互いの電柱所有について決めている。したがって、お互いに電柱所有者および電柱共架者の関係が発生することになる。CATVは一般的に電柱共架者になる。

② について

　通常の電柱は、道路法上の道路として一般の人に開放される区画道路（多くの場合道路幅＝6m）に面して建てられていることから、保守点検、設備更新および事故の緊急復旧対応においては、区画道路から高所作業者などにより容易に対応できる環境にある。

　一方、裏道については、構造（例えば幅）、所有権者、所有権形態および利用・維持管理協定などが、電力・通信事業者が行う維持管理の迅速さに支障をきたさないようにしておかなければならない。特に、管理用通路幅や立ち入り協定を入念に協議しておく必要がある。開発者は、立ち入りの協定については、恒久的には需要家（住民）と電力・通信事業者の2者の関係になるので、住宅販売後（所有権移転後）の住民の目線で取り決めておく必要があり、販売時には住宅購入者に十分理解を得ることが必要である。

（管理用通路幅）

　既往の実績から見られる、管理用通路幅について記述する。

・裏道で柱上変圧器の交換業務などを行う場合、高所作業車[*23)]を電柱の脇につけて行う必要が生じる。このため裏道に求められる管理用通路幅としては、高所作業車が進入でき交換作業ができる3m以上必要となる。

・街区の長辺が長い状況で裏道を使って供給する場合、図25のように区画道路に面した電柱に設置する柱上変圧器だけでは供給力が賄えない状況が発生する。このような場合、裏道の中間部に変圧器を設置する必要が生じるため、電柱を建てて柱上変圧器の設置とその位置まで高圧線を延長する必要が発生する。このため、その変圧器の交換などで管理用通路幅として裏道幅3m以上の要請が出ることになる。

・管理用通路幅を狭める方法としては、電力会社との協議にもよるが、図26のように、区画道路に面した電柱に設置する柱上変圧器だけで供給力が賄える街区長にすることが考えられる。これにより、図26のように区画道路に面した裏道の両端のみに、柱上変圧器を載せる長尺柱（電柱の長さ約14m、地上高約12m）を設置し、内側には供給線専用の電柱として短尺柱（電柱の長さ約10m、地上高約8m）を設置し供給線のみを架線する方式となる。この場合、裏道の街区端部の電柱については区画道路沿いまで持っていく必要があるため支柱が必要になる場合もあるが、図27に示すように、柱上変圧器の交換作業は、区画道路に高所作業車を置くことで可能となることから、裏道に高所作業車が侵入する必要が無くなる。この結果、

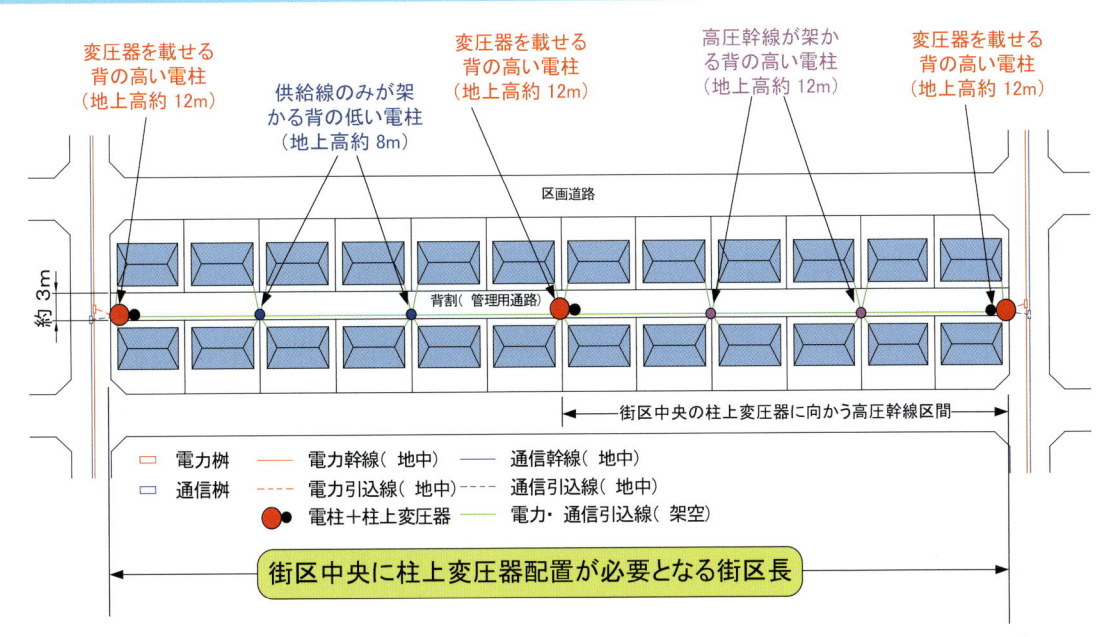

図25 裏道の中央付近に柱上変圧器が必要な場合の配線形態（裏道幅3ｍ以上）

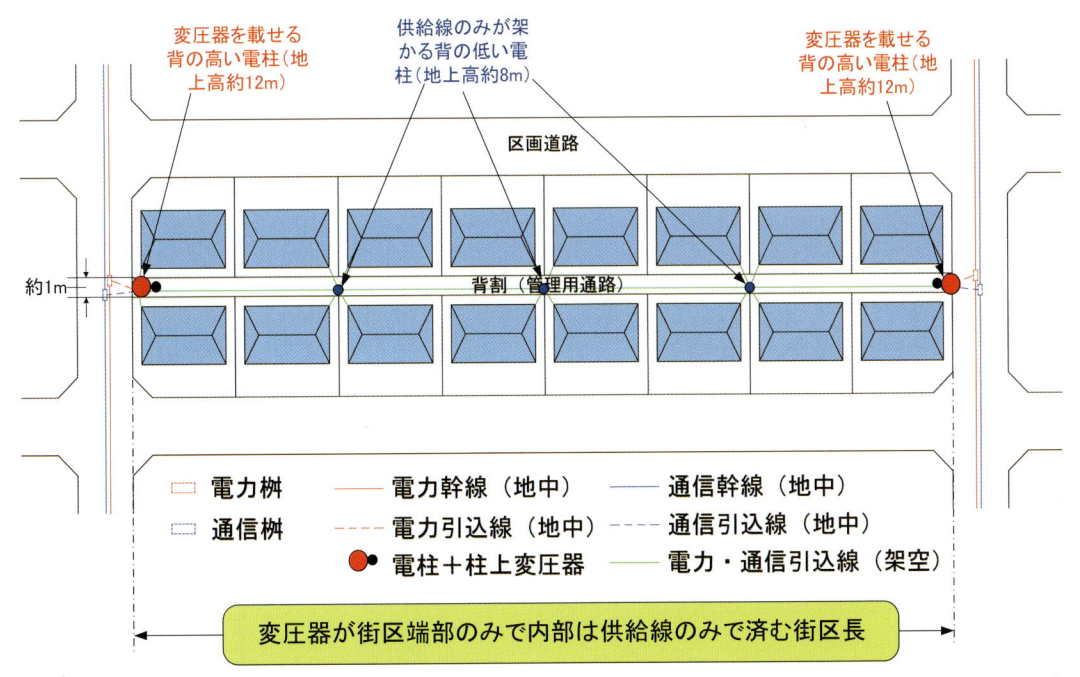

図26 裏道における管理用通路幅を縮小できる可能性を持つ配線形態（裏道幅1ｍ以上）

裏道に求める管理用通路幅としての機能は1ｍ以上あれば問題ないと思われるが、具体的には、電力会社との協議において取り決めることになる。
・また、図25のように「街区の長辺が長い状況で裏道を使って供給する場合」と図26のように「街区の長辺を短くして裏道を狭めて供給する場合」の2項目は、図28に概念図を示すが、「街区長を長くして道路率を低くする反面、裏道幅の拡大により有効宅地面積が減少すること」と、「街区長が短いことから有効宅地面積が道路率の増加により減少すること」のトレードオフの関係となる。柱上変圧器を載せる街区両端の電柱を除く、裏道に設置する電柱、

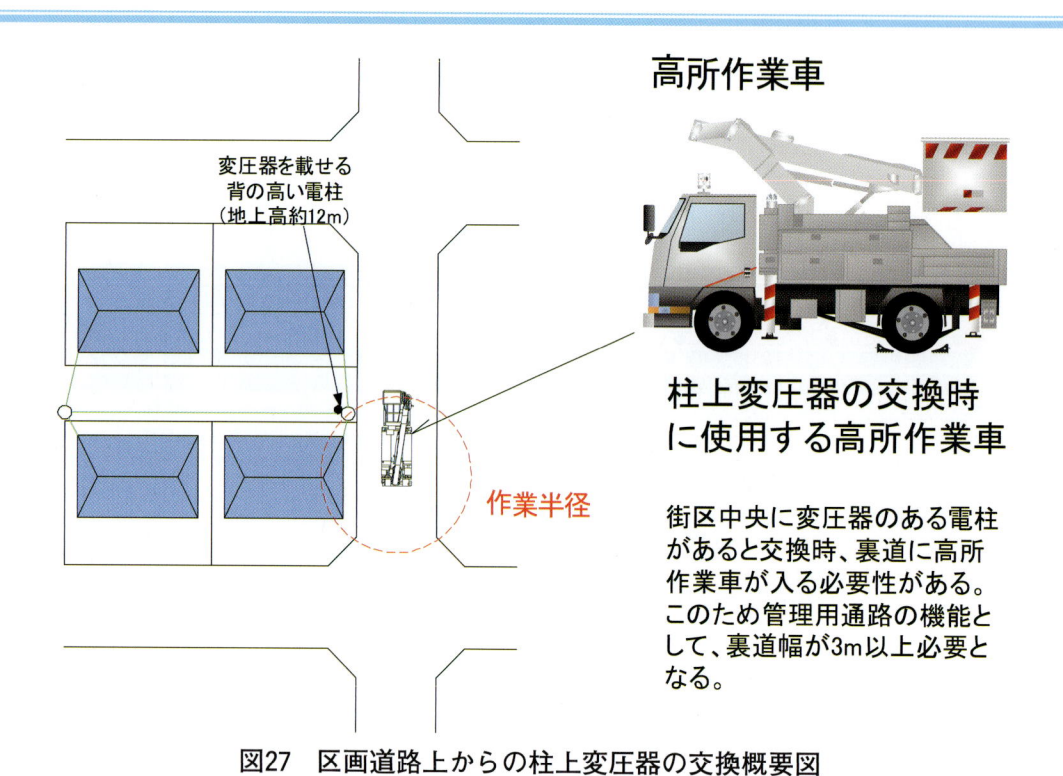

図27　区画道路上からの柱上変圧器の交換概要図

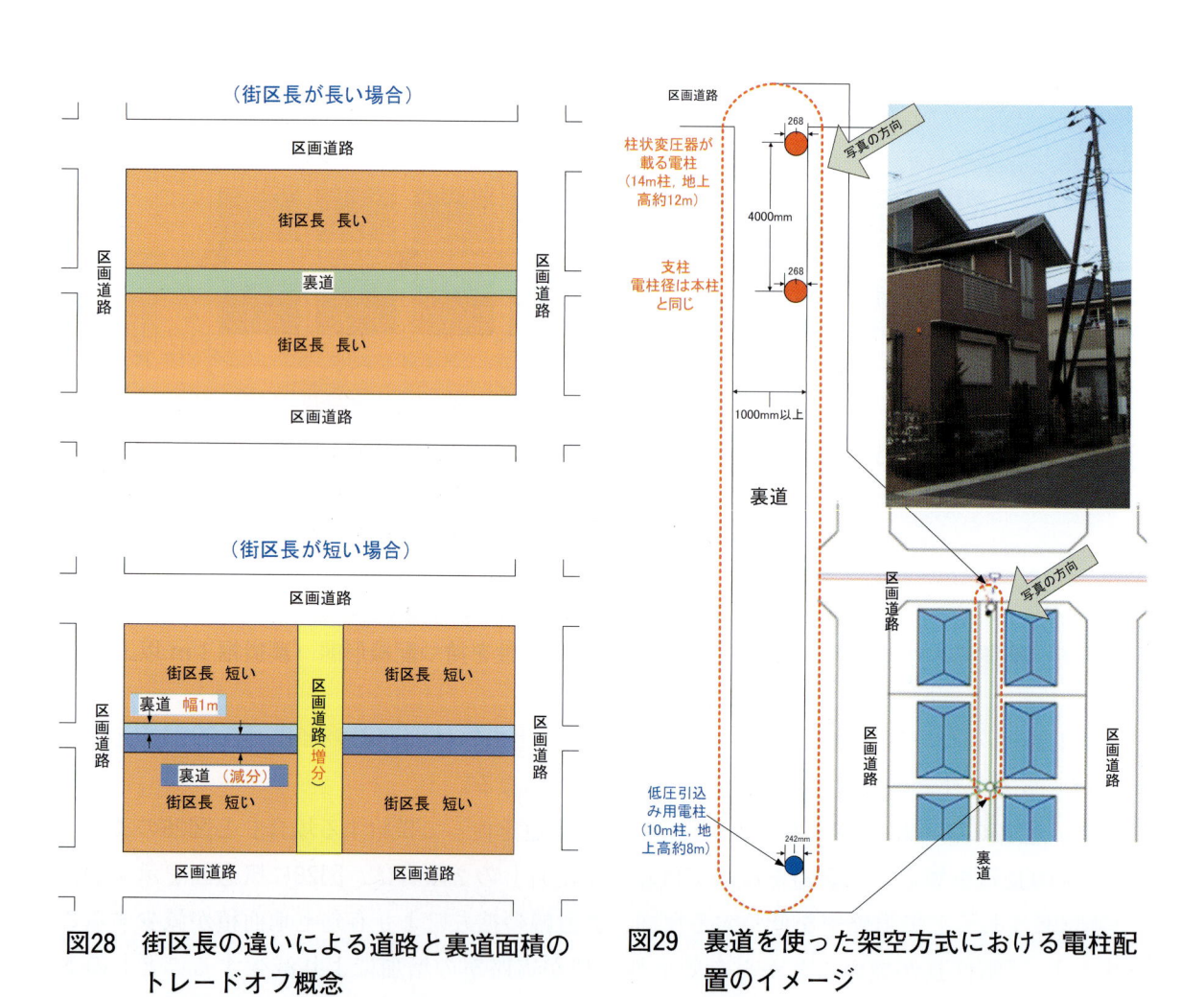

図28　街区長の違いによる道路と裏道面積のトレードオフ概念

図29　裏道を使った架空方式における電柱配置のイメージ

Ⅲ　設計編

凡例：
- ⊠ 地上用変圧器
- ▭ 通信桝
- ● 電柱
- ─── 電力幹線（地中）
- ─── 通信幹線（地中）
- --- 電力引込線（地中）
- --- 通信引込線（地中）
- ─── 電力・通信引込線（架空）

図中ラベル：
- 地上変圧器
- 供給線のみが架かる背の低い電柱（地上高約8m）
- 区画道路
- 背割（管理用通路）
- 裏道
- 地上変圧器が街区端部のみで内部は供給線のみで済む街区長

地上用変圧器を裏道に沿って設置
- 保守スペース 1.5m以上
- 1m以上
- 地上機器桝サイズ
- 450mm / 200mm / 300mm / 1100mm / 300mm / 1700mm
- 1240mm / 1440mm

地上用変圧器を区画道路に沿って設置
- 1m以上
- 200mm / 300mm / 450mm
- 1100mm / 1700mm
- 1240mm / 1440mm / 300mm

地上機器を裏道に設置する場合のイメージ図

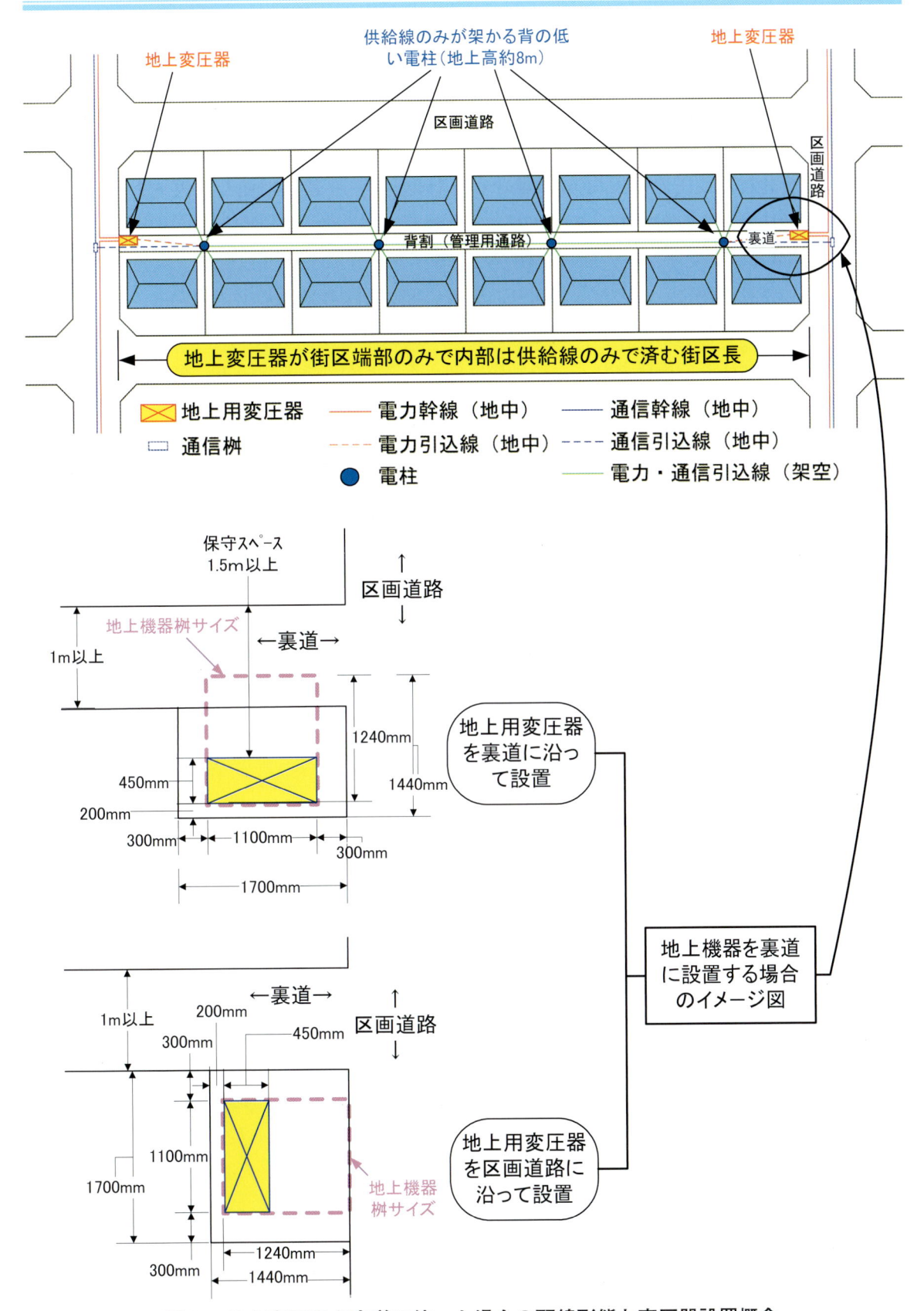

図30　地上変圧器を裏道に使った場合の配線形態と変圧器設置概念

69

電線を家屋の高さ程度とすることで景観阻害を少なくし、架空方式によるコストダウンを併せて行うためには、後者の裏道を供給線のみで配線できる街区長を検討した方が適当である。

③ について

裏道に据え付ける変圧器は、「電柱に載せる柱上変圧器」と裏道に面した画地を一部割愛して「地上用変圧器」を設置するパターンが考えられる。

「電柱に載せる柱上変圧器」の裏道を使った配線イメージについては図26、電柱の配置のイメージについては図29に示すとおりであり、裏道に接する区画道路沿いの電柱は、柱上変圧器を載せる支柱を伴う長尺柱となり、裏道が視野に入る領域からの景観については一部劣るものの、電柱と柱上変圧器で構成されるため価格は抑えることができる。一方、裏道に「地上用変圧器」を使った配線イメージ、および具体的な地上用変圧器の配置のイメージについては図30に示すとおりであり、裏道が視野に入る領域からの景観についても良好であるものの、地上用変圧器で構成されるため価格は上昇する。

「電柱に載せる柱上変圧器」と「地上用変圧器」における、裏道が視野に入る領域からの景観モンタージュ写真の比較は、**写真4**に示すとおりである。

（柱上変圧器を使った裏道での架空方式）　（地上変圧器を使った裏道での架空方式）

写真4　裏道での架空方式を区画道路から見た景観

2-3 地中方式

　裏道の区画道路目線からは隠れるという特徴を利用し、安価な架空方式を上手く活用しコストダウンを狙う考え方からは乖離するものの、裏道で区画道路と同様の景観を確保する観点と、区画道路での地中化よりは裏道の地中化の方が構造面での規制が緩和されコストダウンの可能性が否定できないことから、裏道の地中方式についても取り上げることとした。

　裏道の地中方式については、架空方式と同様に電力・通信事業者が維持管理面で管理用通路を柔軟的に使うことのできる協定締結等の条件整備などに加えて、裏道の所有権形態によっては、管路・桝の帰属先も異なり、管路・桝の維持管理の継続性に関わる担保など、開発事業者（いずれは個々の居住者との関係になる）と電力・通信事業者との間で次の点に関する協議調整を入念に行い取り決めておかなければならない。

① ケーブル・機器類が入線、設置できるための、管路および桝の構造と平面・縦断線形についての確認と、管路および桝の敷設に必要な裏道幅を確認する必要がある。

② 供用後に生じるケーブル・機器類などの保守点検、設備更新および事故の緊急復旧対応のために、管理用通路として必要な幅と、裏道沿いの各戸の住民に了解を得なくても管理時に裏道に入れる条件整備が必要となるため、その点については電力・通信事業者、特に設備が事業者間で相対的に大規模な電力会社とは詳細に亘る協議を行う必要がある。

③ 裏道の権利形態が、分筆または共有地として区分所有になった場合の管路・桝の所有権者および破損時の改修義務のなどを明確に取り決めておく必要がある。そうしないと、電力・通信事業者と開発事業者から所有権移転を受ける住宅地購入者との間でトラブルを発生させる要因になりかねないので、結果として裏道の地中方式の協議が難しくなる。

〔解説〕

① について

　裏道幅は、裏道における電力および通信の地中配線設計に対応できる、配管および桝が敷設できるだけのものでなければならない。裏道は供給線のみで対応可能なのか、幹線も敷設する必要があるのかなどによって配線形態、結果として管路形態や桝の位置や大きさが変わることから必然的に必要な裏道幅が変化することになる。

　例えば、供給線のみの配線で対応可能な場合の、裏道を使った配管イメージについては、**図31**に示すとおりである。

② について

　裏道については、構造（例えば幅）、所有権者、所有権形態および利用・維持管理協定などが、電力・通信事業者が行う維持管理の迅速さに支障をきたさないようにしておかなければな

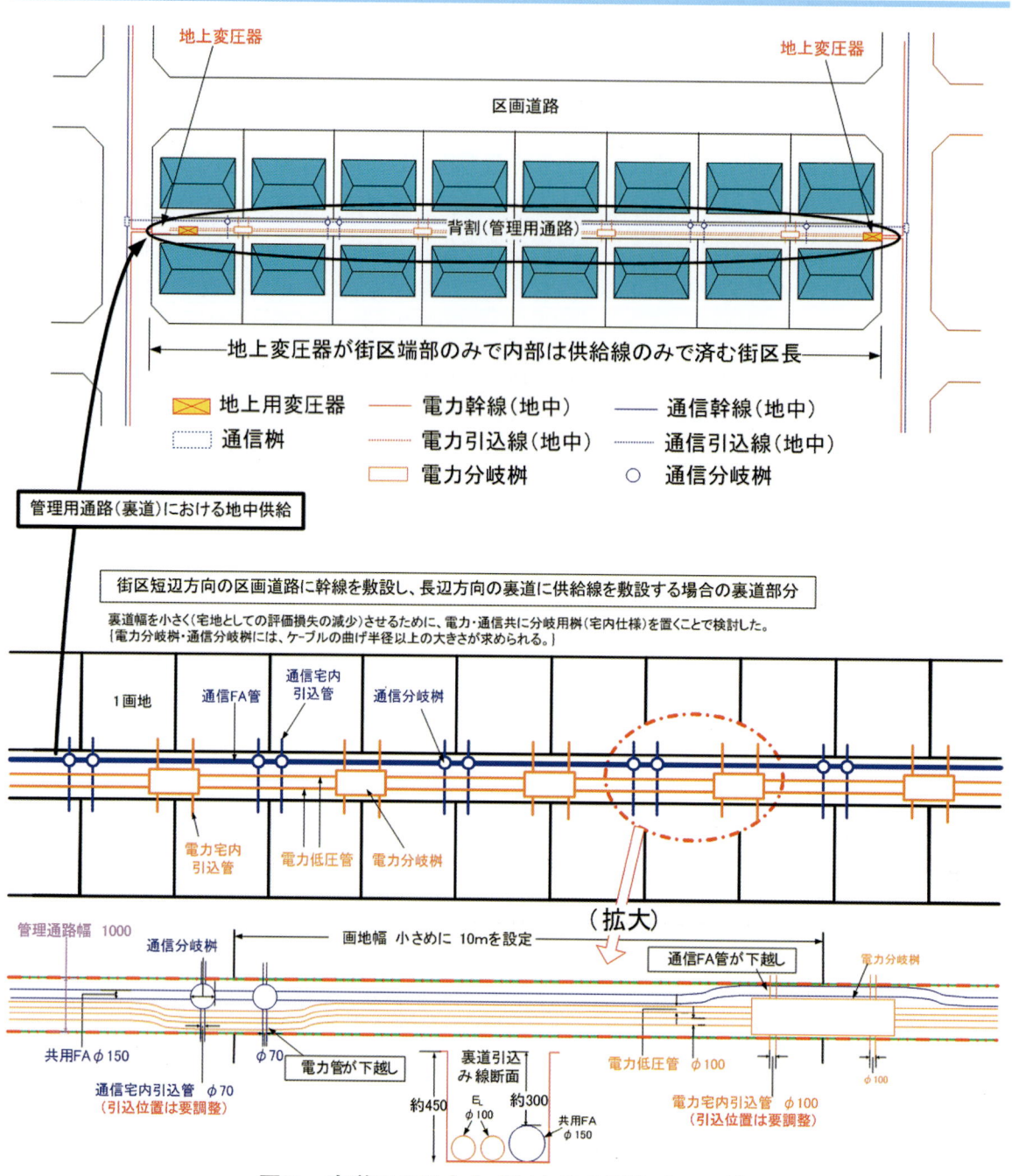

図31　裏道での地中方式における配管イメージ

らない。特に、管理用通路幅や立ち入り協定を入念に協議しておく必要がある。開発者は、立ち入りの協定については、恒久的には需要家（住民）と電力・通信事業者の２者の関係になるので、住宅販売後（所有権移転後）の住民の目線で取り決めておく必要があり、販売時には住宅購入者に十分理解を得ることが必要である。

③について

裏道の権利形態については、「２－４　裏道の権利の考え方」で記述するが、地元の行政が移管を受けない場合は、開発事業者の考えにもよるが、裏道の所有権者間で分筆または共有地

として区分所有になる場合が多い。この場合、そのような権利形態の土地（＝裏道）の下に埋設される管路・桝についても当該所有権者が保有せざるを得なくなる。したがって、管路・桝の破損時における改修義務のなどが自己責任において行わなければならないという理解および支払い面における認識の醸成、改修時期と電力・通信復旧時期などの関係を明確に取り決めておく必要がある。そうしないと、住民が管路・桝についても電力・通信事業者が破損時修繕を行うものと誤解している事例も見られ、恒久的に供給責任を負う電力・通信事業者と住民との間でトラブルを発生させる要因となる。したがって、開発事業者がこの点を十分理解し、開発事業者から住民（＝住宅購入者）へ所有権移転時に十分な理解と取り決め文書を取り交わしておく必要がある。その点があいまいのままで、裏道の地中方式を進めようとしても、電力・通信事業者間との間での合意形成が難しくなる。

2-4　裏道の権利の考え方

> 裏道の権利形態は、裏道における無電柱化の実現性を大きく左右する。そのため、開発事業者は、行政移管の可否、住民（＝土地所有権者）間での保有形態などについて、予め電力・通信事業者と十分な協議を行って進める必要がある。

〔解説〕

裏道の所有者として実績からみても現実的なのは、地元の行政（移管）、開発事業者もしくは住民の共同所有（所有形態は個別調整）となる。

地元行政への移管の可否は、地元行政としても何らかの法・規則に基づき移管手続きを進めることになるので、適応する法律関係も含めて協議することになる。この移管の考え方については、ばらつきがみられるかもしれないが、最終的には開発地域が位置する、当該行政（市区町村）の判断に委ねられる。

「地元の行政に移管できる場合」における裏道の権利形態の概要は、**表3**のとおりである。

開発事業者が、裏道を保有することは、画地や区画道路・公園など、住宅購入者や地元行政に移管が進み、所有権が手離れする中、恒久的に無電柱化関係も含む裏道の維持管理が残ることになるので、極めて難しい状況にあると思われる。

住民の共同所有は、現実的に行政への移管が難しい場合に取られている方式であり、実績からみても事例は見られる。この場合、共同所有の形態如何によっては、住民間のトラブル、権利意識の変化の影響により、無電柱化方式を採用した後の維持管理面にも影響を及ぼす。よって開発事業者は、この場合の所有権形態についても後工程を踏まえて、電力・通信事業者と入念な調整を行っておく必要がある。

開発事業者所有および住民所有などの「地元の行政に移管できない場合」における裏道の権利形態の概要は、**表4**のとおりである。

電力・通信事業者は、裏道の所有権者によって、日常点検や電力・通信設備の更新などの他、

架空方式については電柱位置の安定性、地中方式については管路・桝の損傷時などの改修を含め、維持管理面でのやり易さが大きく異なることを危惧している。行政など権利者が安定的で調整が一箇所で済むような場合が最も好ましいが、住民で持合う場合においても住民トラブルを想定してそのような場合においても、電力・通信供給に支障が発生しないような権利形態になるように開発事業者は留意する必要がある。住民トラブルなどの想定は、既往の私道に電柱を建てて供給している場合の、私道権利者の所有方法の違いによるトラブルから想定できる。私道上に建てている電柱で発生しているトラブルを参考にして想定される裏道でのトラブルを**表5**に示す。

表3　地元行政に移管できる裏道の権利形態の概要

地元の行政に移管できる場合			
裏道の所有権形態	道路法上の道路（歩行者専用道路など）として	緑道として	普通財産として寄贈
準拠規格	「道路構造令第40条：歩行者専用道路の幅員は、当該道路の存する地域および歩行者の交通の状況を勘案して、2ｍ以上とする。」戸建の開発行為で歩行者専用道路が認められるかが鍵	「公園緑地マニュアル：災害時の避難路の確保、都市生活の安全性および快適性の確保等を図ることを目的に、近隣住区又は近隣住区相互の連絡のために設けられる植樹帯および歩行者路又は自転車路を主体とする緑地で幅員10～20mを標準として、公園、学校、ショッピングセンター、駅前広場等を相互に結ぶよう配置する。」	可能かどうか、国土交通省都市地方整備局の担当箇所か、一般財産の寄付に関わる行政窓口に、今後ヒアリングが必要。
裏道幅の法的制約	2ｍ以上	10～20m　※制約ではなく標準	裏道の幅は、無電柱化に必要な最小幅で決めることができる。
対象とする通行人	公共施設として移管してもらうため不特定の人が通行可能となる必要がある。（通行者の目線と個々人の居住空間を仕切るための工夫が必要と思われる）	移管を受ける行政から条件としての提示があるかもしれない	
既往実施事例	茨城県つくばみらい市陽光台		
想定される関係者意見　移管を受ける市区町村	当該市区町村の道路管理者にとっても、区画道路における無電柱化整備延長に寄与できる。ただし、実績も少ないことから、歩行者専用道路、緑道、普通財産として受け取ることへの理由付けが課題となる。また、区画道路の他に、裏道を歩行者専用道路、緑道、普通財産として受け取ることから維持管理上の課題がある。		
想定される関係者意見　開発事業者	開発事業者としては、区画道路と同様に、当該市区町村に移管できれば望ましい。ただし、移管条件として裏道幅が必要以上に広くなると有効宅地面積が減少することから留意する必要がある。		
想定される関係者意見　電線管理者	電線管理者にとっては、維持管理時の立ち入り申し入れが、当該市区町村の許可一括でできること、個々の住民感情の変化、相隣住民の関係悪化があっても維持管理上左右されないことから望ましい。		
総合評価	①当該市区町村に移管できるため、開発事業者・電線事業者は維持管理面の容易性・安定性から救済される。 ②当該市区町村は、道路管理者にとって、裏道での配線により無電柱化となる区画道路が無電柱化整備延長に寄与できる。 ③新設戸建住宅地における区画道路上の無電柱化施策のひとつとして挙げられる裏道の活用を容易に進めるためには、当該市区町村が移管受入れするための制度の構築・徹底が望まれる。		

表4 地元行政に移管できない裏道の権利形態の概要

	地元の行政に移管できない場合			
裏道の所有権形態	開発事業者の所有	住民の共同所有		
		共有地	分筆所有	
準拠規格	開発事業者が裏道の所有権者として住宅地販売後も所有	開発事業者が共有地として権利設定し、最終的に住宅地購入者に権利譲渡（重要説明事項）。	住宅画地所有者が専有地を一部供出して裏道を形成する形で、最終的に住宅地購入者に権利譲渡（重要説明事項）。住民間の不和を考慮し裏道の分筆方法に工夫も必要。	
		（ケース1：従来スキーム） 各画地を購入した住民が、裏道の所有権を量的に分有する。（民法第249条にいう共有）集会所などに見られる。		
		（ケース2：新しい試み） 開発地区内住民による管理組合を設立し、一定の活動実績（実績期間取決めは各行政の判断でこの辺が不透明）を経て、地方自治法第262条の2に定める「地縁による団体」としての法人認可を受けて登記する試み。試みも少なくスキームの成否は数年後に確認できると考えられる。		
裏道幅の法的制約	裏道の幅は、無電柱化に必要な最小幅で決めることができる。			
対象とする通行人	私有地であることから地権者の判断に委ねられる。そのため地権者以外の使用者（電線管理者など）を付け加える場合は、住宅販売時に「重要説明事項」か「裏道の協定書」を、購入時条件図書として明示し、購入者合意の下で販売してもらう必要がある。			
既往実施事例	新設戸建住宅地における裏配線としての実施事例なし			
想定される関係者意見	開発事業者	継続的な維持管理が必要となる。そのため維持管理費も見込んだ形で販売する必要がある。	デベロッパーとしては、共有地も含め高く販売する必要がある。	
			（ケース1：従来スキーム） 販売時、戸建購入者に権利形態を理解してもらう説明が必要となる。	販売時、戸建購入者に権利形態を理解してもらう説明が必要となる。
			（ケース2：新しい試み） 管理組合設立が課題。	
	電線管理者	維持管理が安定的に一括申し入れで可能。	（ケース1：従来スキーム） 維持管理で共同所有者である個々の地権者への承諾が必要。	維持管理に関して裏道に入場するために個々の所有者への承諾が必要になる。また、所有権者間のトラブルによる裏道への入場制約や建柱場所の再調整が必要となる危険性を持つ。
			（ケース2：新しい試み） 管理組合設立が課題。上手く運営できれば、維持管理が安定的に一括申し入れで可能。	
総合評価	①裏道所有権の形態によって、開発事業者および電線事業者に維持管理面で、長期的に安定して裏道に管理のために立ち入ることに対してリスクを含む。 ②開発事業者の考えにより裏道の所有権の形態がばらつく可能性もあり、恒久的に維持管理しなければならない電線事業者にとっては悩ましい。 ③開発事業者は、購入時に重要説明事項で所有権形態や維持管理規定の説明責任が生じ、電線事業者との維持管理協定書も必要となる。これら実施事項の不備や事後の住民間のトラブルにより維持管理での不具合発生の懸念は払拭できない。			

表5　裏道の住民所有方法の違いにより想定されるトラブル

裏道を隣接する住宅敷地の権利者が持ち合う場合に想定されるトラブル例（私道での事例を参考にして）
①電力設備などの維持管理面で電柱建替えにおいて、近隣の不和から建替え承諾がもらえない。
②出入り口などの変更要請により発生する電柱建替えにおいて不和から建替え承諾がもらえない。
③購入時や住み替え時に、裏道の所有形態と電柱位置について詳細な説明がないとトラブルの要因になる。

裏道を共有地として持ち合い	裏道を専有地として供出（パターン1）
<table><tr><td>地権者A</td><td>地権者B</td></tr><tr><td colspan="2">裏道（共有地）</td></tr><tr><td>地権者C</td><td>地権者D</td></tr></table>	<table><tr><td>地権者A</td><td>地権者B</td></tr><tr><td>裏道（A）</td><td>裏道（B）</td></tr><tr><td>裏道（C）</td><td>裏道（D）</td></tr><tr><td>地権者C</td><td>地権者D</td></tr></table>
（特徴） ①登記上は面積比率で共有所有が多い。 ②マンション分譲の際の考え方と同様。 （特失） ①所有権移転の場合でも大きなトラブルにならない。 ②電柱の移設には、他の地権者の了解が必要なため一人の地権者に電柱位置が左右されない。	（特徴） ①自宅隣地の裏道を分割所有。 （特失） ①使い勝手の良い隣地に電柱がある場合、迷惑施設として電柱設置位置に当たる地権者が、他の地権者の場所へ移設しようとする場合、「移設元—電柱所有者—移設先」が絡む三つ巴の合意形成となりトラブルの原因となる。
裏道を専有地として供出（パターン2）	裏道を専有地として供出（パターン3）
<table><tr><td>地権者A</td><td>地権者B</td></tr><tr><td>裏道（D）</td><td>裏道（C）</td></tr><tr><td>裏道（A）</td><td>裏道（B）</td></tr><tr><td>地権者C</td><td>地権者D</td></tr></table>	<table><tr><td>地権者A</td><td>地権者B</td></tr><tr><td colspan="2">裏道（D）</td></tr><tr><td colspan="2">裏道（C）</td></tr><tr><td colspan="2">裏道（B）</td></tr><tr><td colspan="2">裏道（A）</td></tr><tr><td>地権者C</td><td>地権者D</td></tr></table>
（特徴） ①自宅前の権利を主張されないような登記。 （特失） ①使い勝手の良い隣地の所有権が自己のものではないことから、そこに電柱があっても移設の強い要請はパターン1よりは弱まる。	（特徴） ①自宅前の権利を主張されないような登記。 ②ミニ開発などで、私道の持ち合い方に良く見られるパターン。 （特失） ①共有地について、自己の権利主張のみで電柱などを動かす権限は制約されるため、トラブルになり難い。

Ⅳ

施工編

1 施工環境

　新設される戸建住宅地における施工環境は、地中方式を採用する場合、次に示す特徴を有する。

① 道路部分においては、宅地の造成工事のうち道路工事に併せて行われていた、上水道管、下水道管およびガス管などに加えて、電線類を収納させる管や桝を敷設しなければならなくなるので、各種管の敷設順序や離隔確保など、より施工が複雑化する。

② 画地の接道部分においては、自然流下させるための勾配を持つ下水管の本管と各戸への引込管が接続する構造となるため、平縦断的に下水管路が敷設されることになる。この構造と位置調整を図りながら、電線類を収納させる管を施工する必要がある。

③ 画地内においては、電力用および通信用の宅地内の桝が設置されるため、各戸における外構の仕上げにおいて、レベル・勾配や意匠において整合性を図る必要がある。また、外構工事においては、先行して宅地内の桝が設置されるため、外溝工事中に損傷が発生しないような防護措置を検討する必要がある。

④ 宅内桝までが造成に併せて電線類を収納させる管路を敷設する施工会社が実施する境界となる。そのため、宅内桝から家屋までの地中配管および管を壁内に立ち上げる工事などは、住宅建設を実施する工務店の範疇のうち内線工事として行われることが多い。また、立上げ管については、新設される戸建住宅に併せて地中化を整備する場合は壁内に封入するのが通常であるが、既に家屋が建っている場合など壁内に敷設できない場合は、外壁に沿って立上げ管を設置することになるので、管の構造や色調などは、外壁と整合を図ることも留意点となる。

2　施工手順

2-1　宅地造成工事の全体工程の中における地中化工事の位置付け

宅地造成工事の全体工程の中における、電線共同溝などの電線類を地中化するための管路構築工事の位置付けは、図1に示すとおりである。

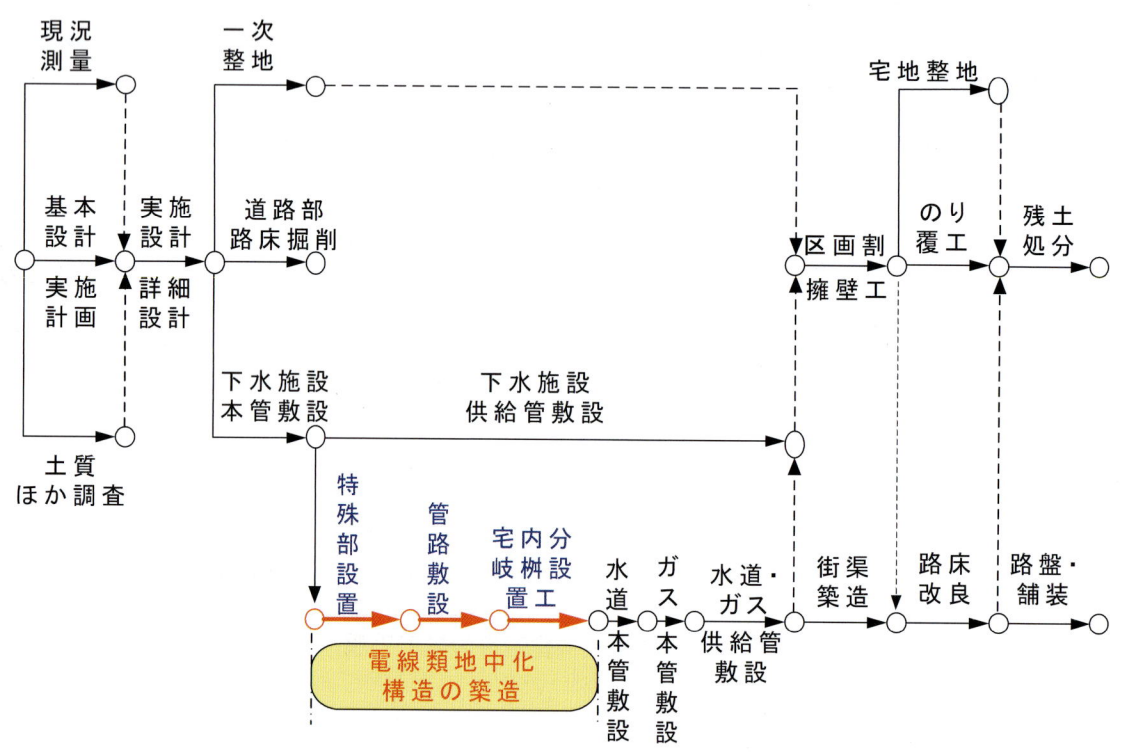

図1　宅地造成の中における電線共同溝工事の位置付けと工程

〔解説〕

新設される戸建住宅地の造成工事における道路位置でのライフライン敷設工事では、先ず下水（汚水・雨水とも含む）管の本管工事が自然流下勾配を確保する必要があり規模も大きいことから、最初に工事として実施された後に、水道管およびガス管の工事が行われてきた。この工事過程に新たに電線類地中化の工事が加わった場合、特殊部の大きさや管路条数などの規模に着目すると、排水本管のように自然勾配の確保など占用位置の制約はないものの、道路下の占有規模として下水管工事に匹敵する規模の大きい工事になる。そのため、図1から理解されるように、道路下の占有位置の規制、占有面積および埋設深さの大きい順、具体的には排水本管の工事の後に電線類地中化の工事を行い、次に水道管およびガス管の工事を行うと効率的に道路下の埋設管工事が進むことになる。

さらに、下水管、電線管、水道管およびガス管のそれぞれにおいては、本管の敷設後に供給管の工事を行う手順になるが、供給管工事においても排水用供給管は本管への取付け勾配で最

初に占用位置が決まるので、電線管を含む他の供給管についても排水用供給管との位置関係の調整・施工が必要になる。

2-2　電線類地中化工事の施工手順

電線類地中化工事の施工手順は、一般的には図2に示す手順に従って施工される。

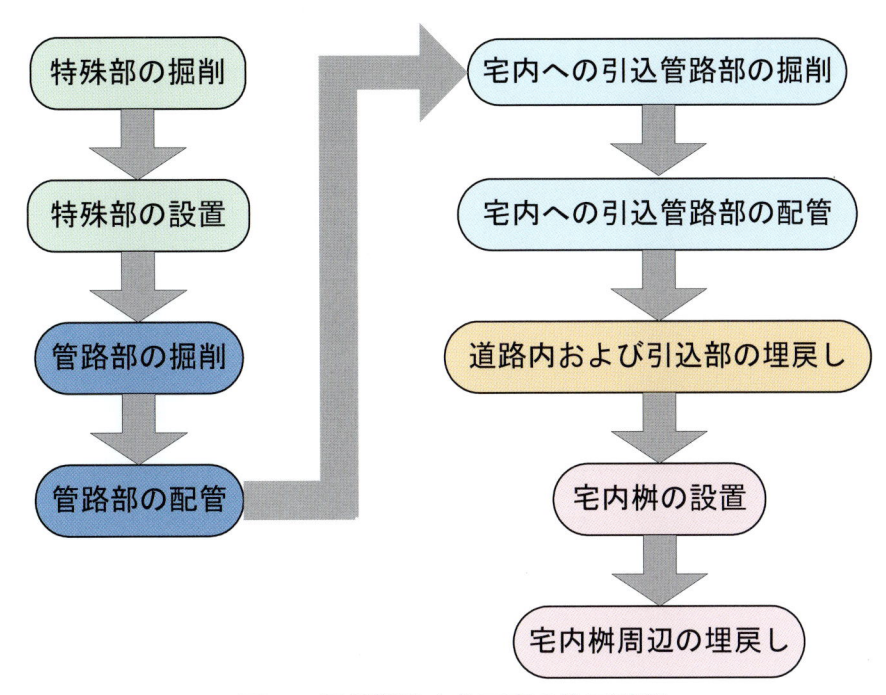

```
特殊部の掘削 → 宅内への引込管路部の掘削
    ↓                    ↓
特殊部の設置          宅内への引込管路部の配管
    ↓                    ↓
管路部の掘削          道路内および引込部の埋戻し
    ↓                    ↓
管路部の配管 ───→    宅内桝の設置
                         ↓
                    宅内桝周辺の埋戻し
```

図2　電線類地中化工事の施工手順

〔解説〕

　新設される戸建住宅地における電線類地中化工事は、下水道管、水道管およびガス管と道路部において競合する工事となるので、各現場での施工環境によって細部における施工手順が異なる場合もあるが、一般的な施工手順としては図2に示すものとなる。

　施工手順に従った、各施工段階における工事内容の概要について、次に解説する。

(1) 特殊部の掘削

道路下の特殊部を設置するために掘削工事を行う。特殊部としては、電力・通信共用（特殊部Ⅰ型）、電力または通信の専用（電力特殊部Ⅱ型・通信特殊部Ⅱ型）および電力または通信の機器桝がある。施工は主にショベル系掘削機[*1)]が用いられる。法面は、掘削床が2m規模になることから、土質の硬軟にもよるが、法面勾配[*2)]もしくは土留め[*3)]を施すのが一般的である。

① 電線共同溝特殊部掘削

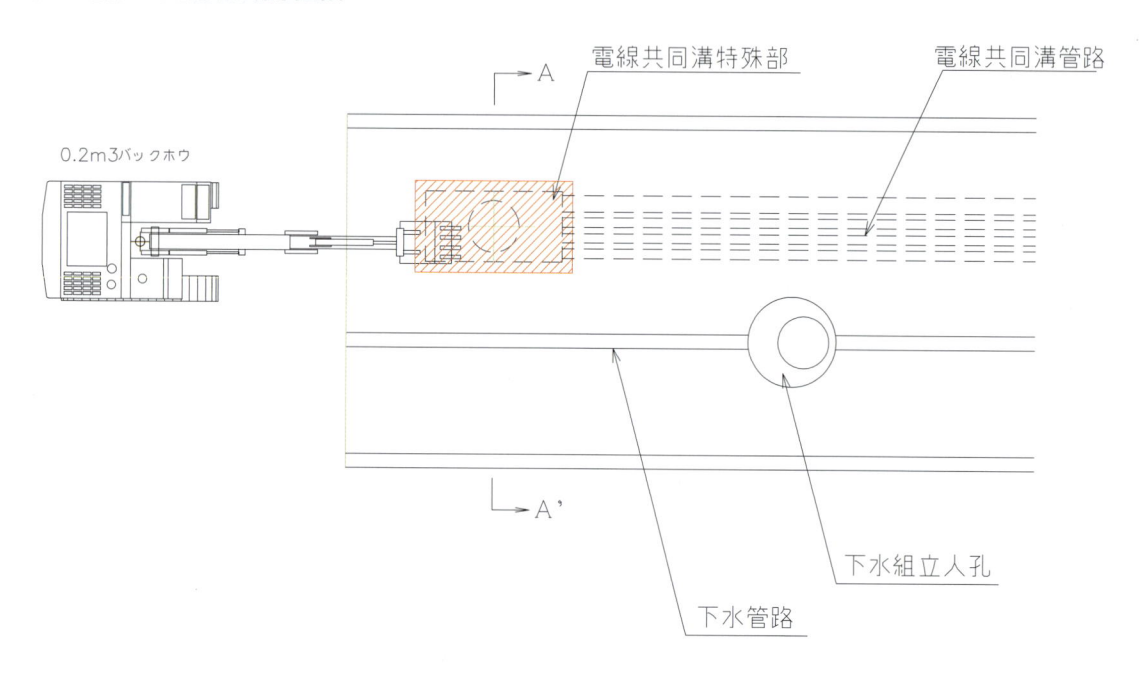

0.2～0.4m³バックホウにて掘削

A-A'断面図

図3　特殊部の掘削状況

Ⅳ　施工編

（２）　特殊部の設置

　特殊部の設置を行う。設置方法は、特殊部位置まで構内をトラックで運搬し、特殊部位置を作業半径内に持つ箇所に配置されたクレーン車*4)を用いて特殊部の設置作業を行う。構内搬入経路には、地盤が良好な場合は別として、悪い場合は鉄板にて養生を行う。なお特殊部の分割数や方法は、現地での設置・組立て速さに影響することから、材料費と施工費（機械損料*5)・組立て作業費など）の総合的な評価で特殊部の分割数を判断することが望ましい。

　特に、接地極が必要な特殊部においては、必ず電力会社と協議を行う。

②　電線共同溝特殊部設置

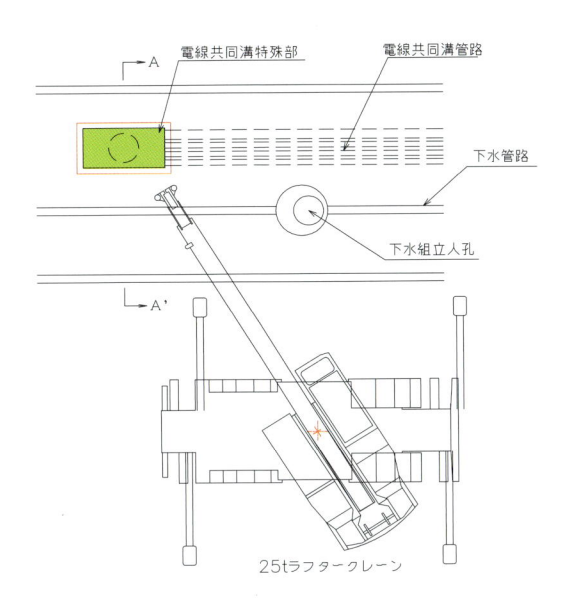

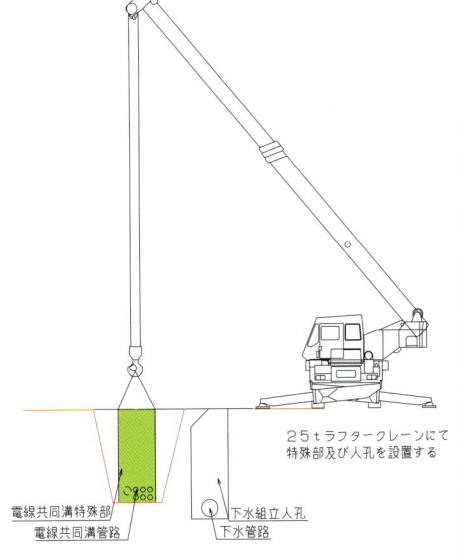

図4　特殊部の吊上げ設置状況

（3） 管路部の掘削
　道路下の管路を設置するために掘削工事を行う。施工は主にショベル系掘削機が用いられる。法面は、掘削床が1.5m規模になることから、土質の硬軟にもよるが、法面勾配もしくは土留めを施すのが一般的である。

③　電線共同溝管路掘削

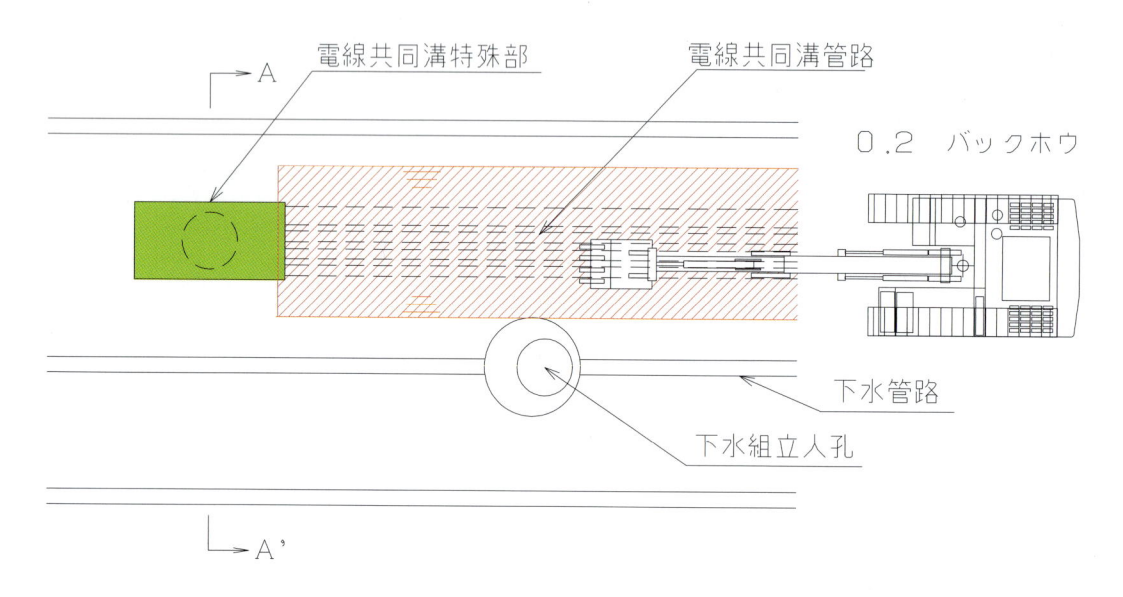

0.2～0.4m³バックホウにて管路部を掘削

A-A'断面図

図5　管路部の掘削状況

Ⅳ　施工編

(4)　管路部の配管

　管路部の掘削溝を設置後、特殊部間を接続する管路敷設工事を溝内にて行う。管材には、橙色をした電力用と灰色をした通信用がある。配管は管枕を管軸方向に2.5mの適切な間隔で配置して縦横に必要条数を配置する。

④　電線共同溝管路配管

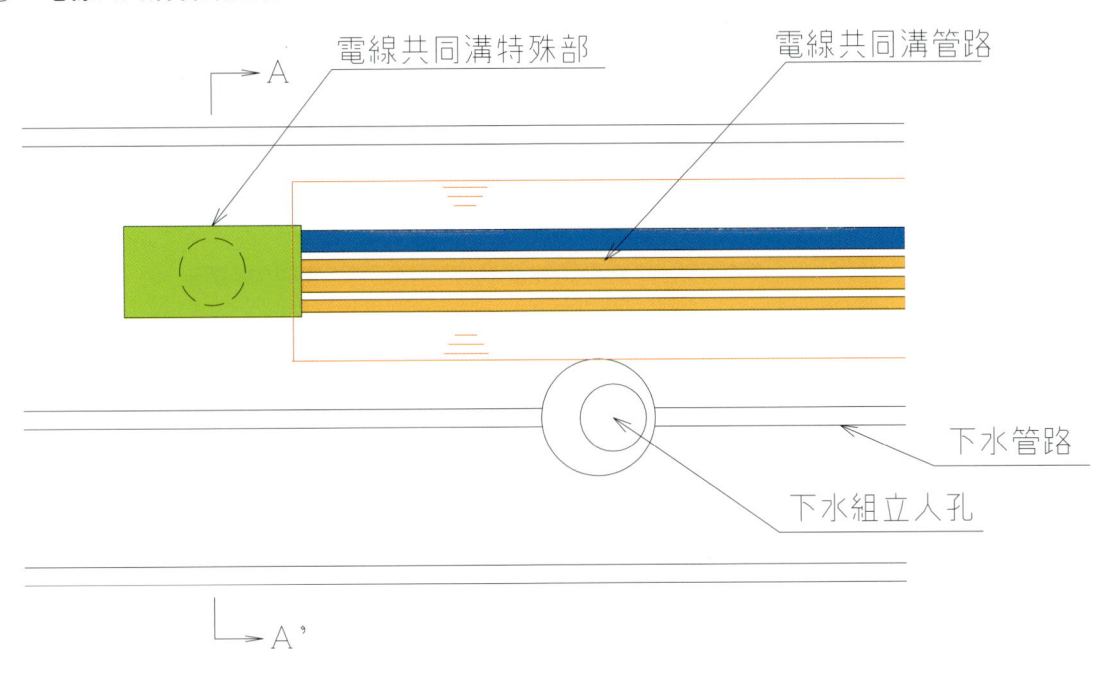

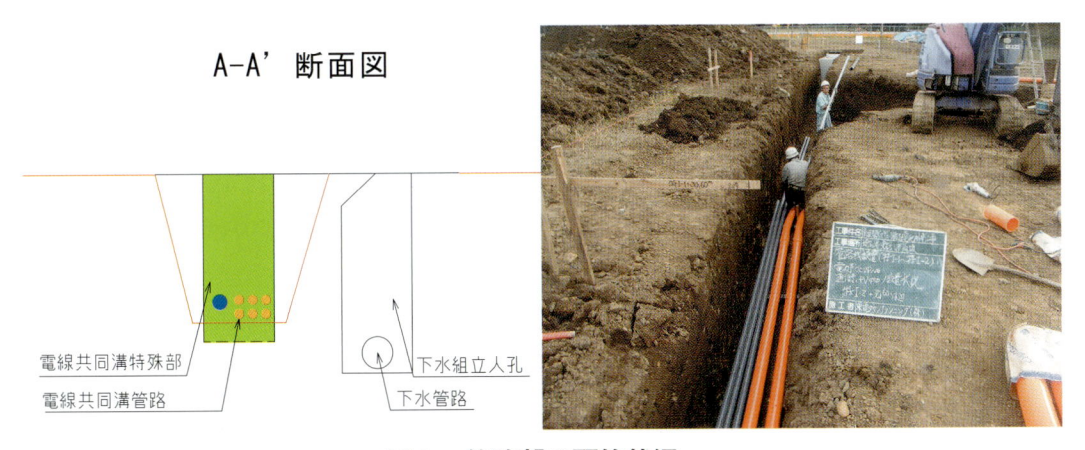

図6　管路部の配管状況

（5） 宅内への引込管路部の掘削

　道路上で道路軸に沿った配管が終了後、各戸への引込管を設置するための掘削工事を行う。施工は主にショベル系掘削機が用いられる。

⑤ 宅内掘削

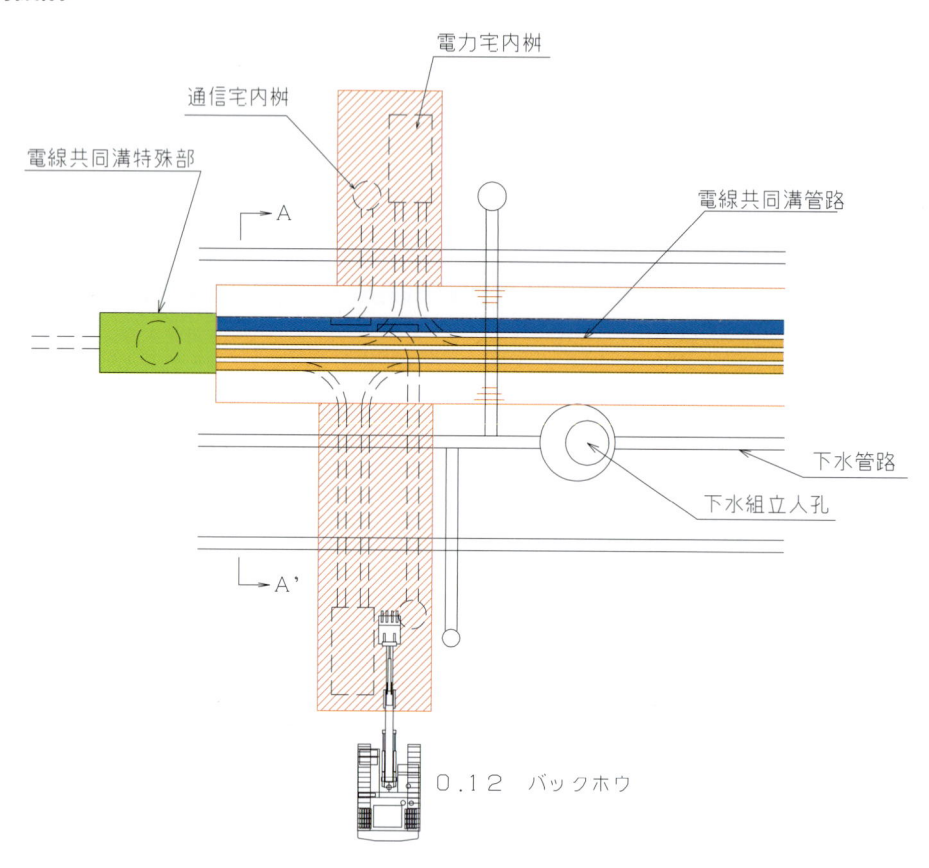

図7　宅内への引込管の掘削状況

(6) 宅内への引込管路部の配管

宅内への引込管路部の掘削溝を設置後、宅内へ引込管を配置する。引込管には、電力管および通信管があり、それぞれ分岐方式が異なる。電力管は本管を割り込んでπ上に分岐させる方式、通信管は道路軸に沿って敷設される共用フリーアクセス管に各戸の前面で分岐管を取り付けて各戸に引込管が敷設される方式、もしくは特殊部から各戸に向けて配管を行う方式がある。

⑥ 宅内引込部配管

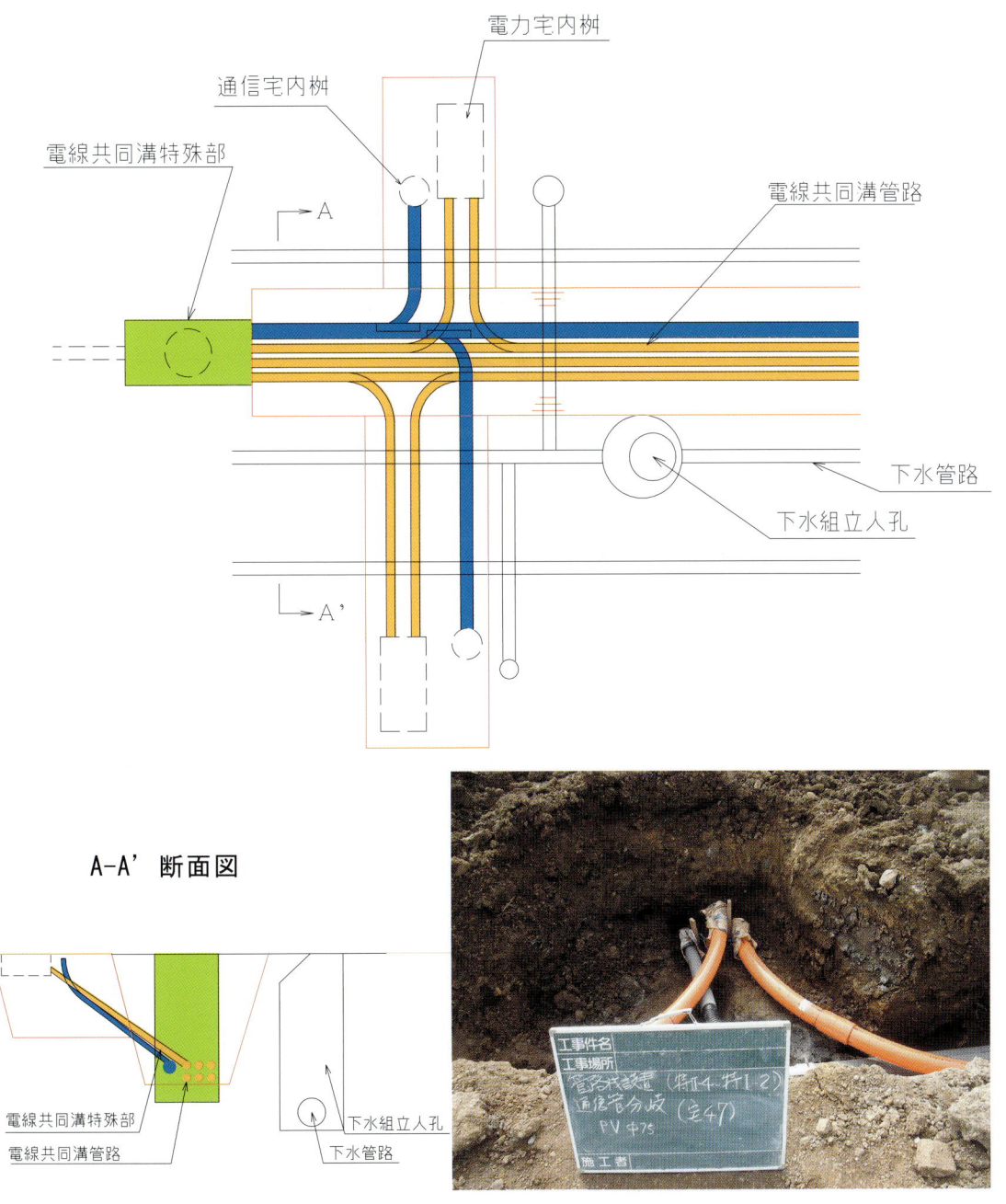

図8　宅内への引込管路部の配管状況

（7） 道路内および引込部の埋戻し

　配管および特殊部設置後、道路内および引込部の埋戻しを行う。埋戻しの材料や方法は当該の道路管理者の仕様による。管路周りは良質な砂による埋戻しを行い、それより上位から路床面までは現地発生土で埋戻しが行われることが多い。将来に亘る陥没などを抑制するために、密実な充填および転圧による締め固めが行われる。

⑦　埋戻し（道路内路床まで。宅内一部）

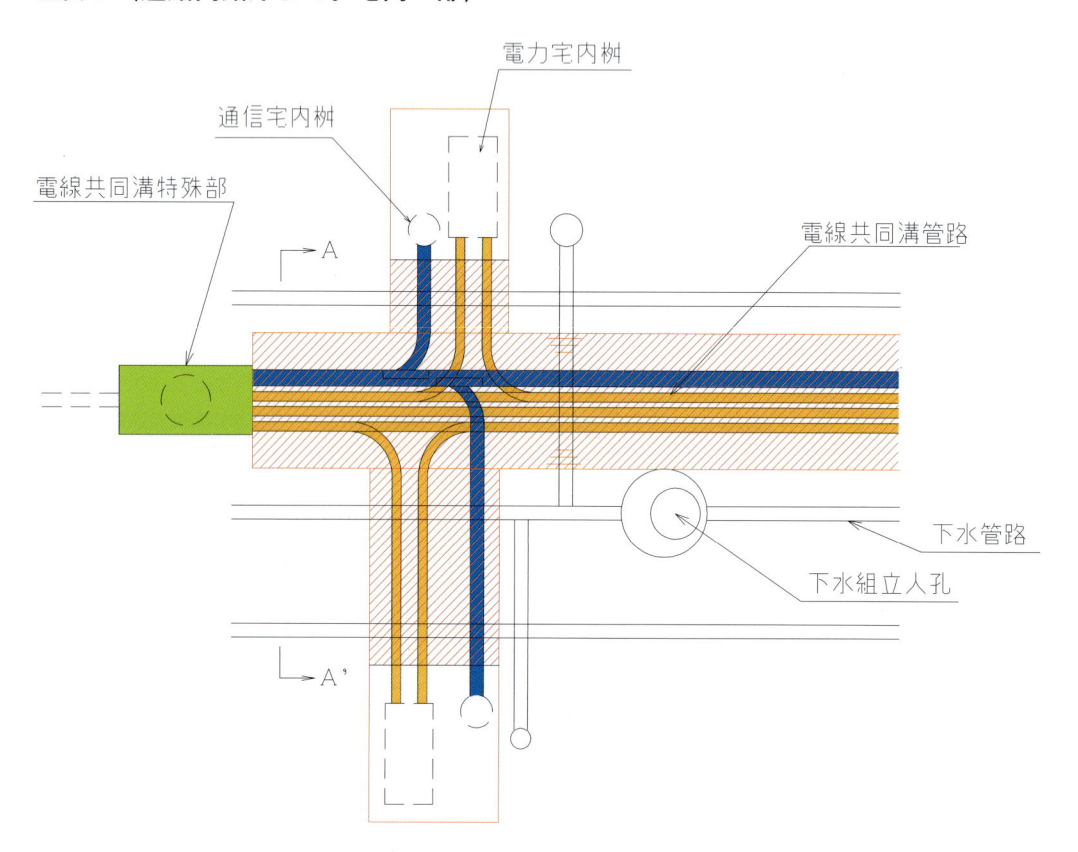

図9　道路内および引込部の埋戻し

(8) 宅内桝の設置

　宅内桝の設置工事を行う。宅内桝には、電力用と通信用がある。施工に際しては、次の項目について事前調整を的確に行っておく必要があるので注意しなければならない。

① 桝の設置箇所、方向および深さについては、駐車場内などの宅盤の標高と合わせる必要があること。

② 桝の設置勾配については、駐車場内などの宅盤の仕上げ勾配と合わせる必要があること。

③ 桝蓋の仕上げ仕様は駐車場内などの外構仕上げの仕様と合わせる必要があること。

⑧ **宅内桝設置**

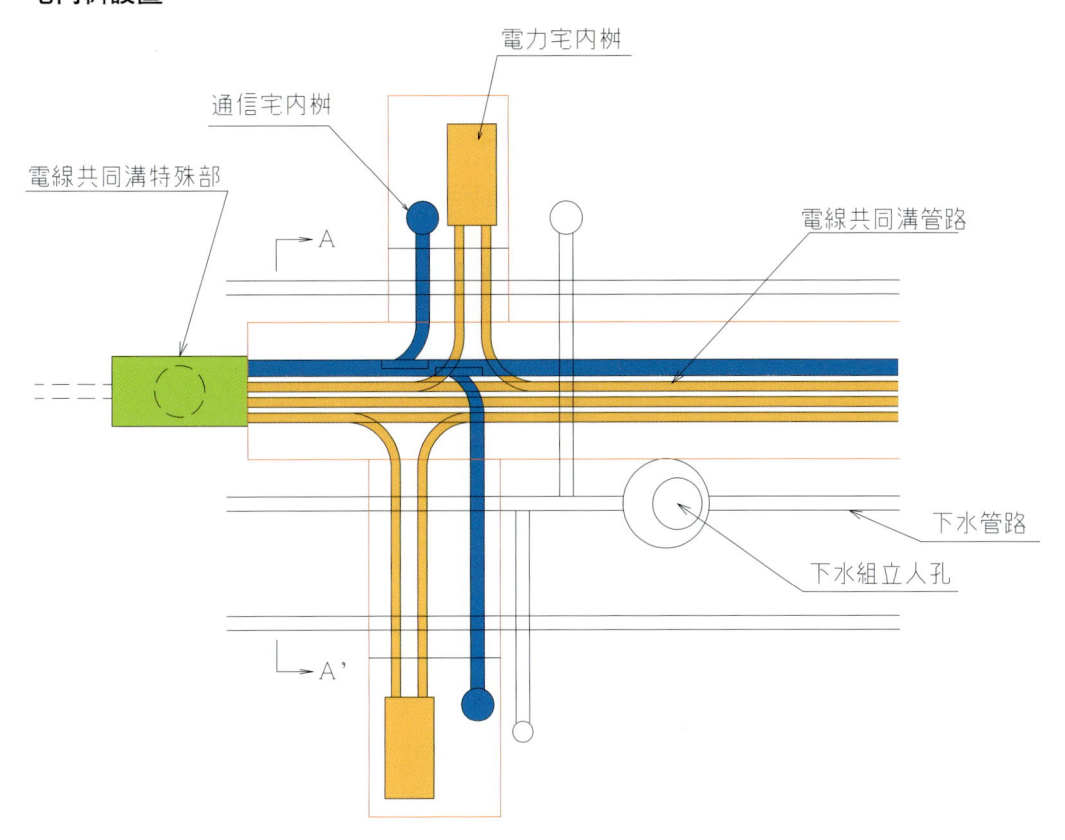

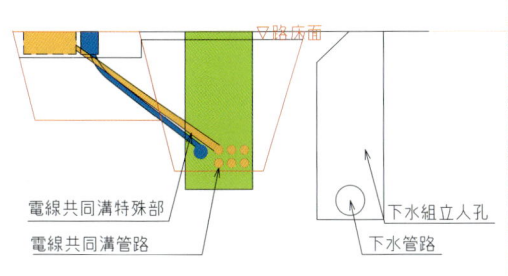

図10　宅内桝の設置

（9） 宅内桝周辺の埋戻し
　宅内桝設置および配管後に、宅内桝周辺の埋戻しを行う。特に桝の近傍の埋戻しは、転圧時に桝が動いてしまわないように慎重に行う必要がある。さらに、宅内桝周辺の埋戻し後に、住宅建設を行う施工会社の外構工事が入るため、外構工事中に宅内桝が重機などにより損傷を受けないような、注意喚起措置や防護措置などを施しておくことが望ましい。

⑨　宅内埋戻し

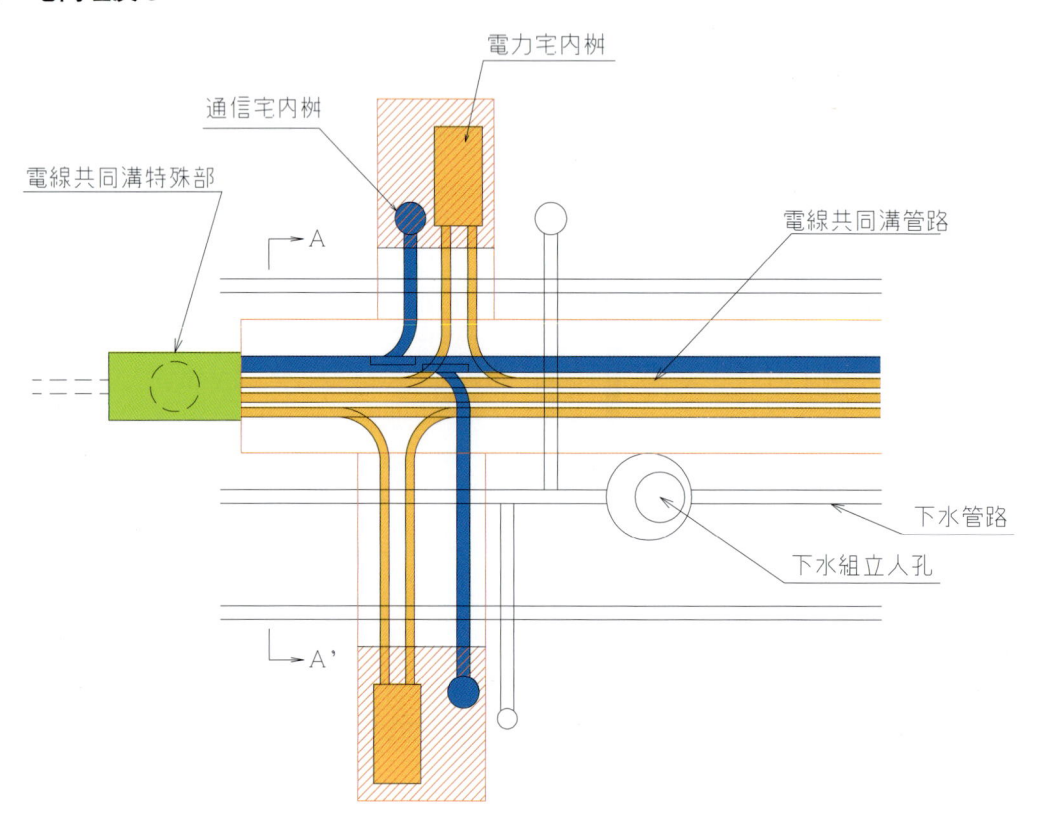

図11　宅内桝周辺の埋戻し

3 施工上のチェックポイント

電線類地中化工事は、特殊部や管路の敷設段階において確実な品質を検証しながら施工を行わなければならない。そのためには、施工上のチェックポイントを明確にしておく必要がある。

〔解説〕

電線類地中化工事は、埋戻し後に電線類の入線を行うことから、その段階で電線類が引入れできないような状態になると、極めて影響の大きい手戻り工事が発生することになる。そのため、特殊部や管路の敷設段階において、施工上のチェックポイントを明確にし、確実な品質確保を行う必要がある。

次に、主要工事となる、「特殊部」、「管路部」および「宅内桝部」のそれぞれにおける施工順序に対応した施工上のチェックポイントを、表1、表2および表3に示す。

表1 特殊部の施工上のチェックポイント例

	施工順序	施工上のチェックポイント
1	朝礼	KYK・作業内容の徹底、吊荷ワイヤー等使用材料の安全確認
2	建設機械始業前点検	各工事車両車止等も確認
3	着工前	
4	使用材料確認	各種部材料使用順序等考慮のうえ整理整頓
5	床付・掘削	埋設物を確認しながらの掘削　既設舗装を汚さないよう、施工
6	軽量鋼矢板設置	施工計画書に基づいての施工 法切1：3開削施工の場合は不要
7	腹起・切梁設置	
8	矢板根入確認	
9	矢板間隔確認	
10	腹起位置確認	
11	床付出来形確認	丁張下がり　LWH
12	基礎砕石転圧	
13	基礎砕石出来形確認	丁張下がり　LWH
14	敷板設置	使用機械は排出ガス対策型および低騒音型のクレーン等
15	敷板設置出来形確認	丁張下がり　LWH
16	調整モルタル敷均し	1：3空練モルタル
17	調整モルタル出来形確認	敷均厚H（T）
18	特殊部躯体設置	吊位置、吊荷ワイヤーの安全確認　合図者の確認
19	特殊部躯体設置出来形確認	丁張下がり
20	調整リング設置	吊位置、吊荷ワイヤーの安全確認　合図者の確認
21	調整リング設置出来形確認	丁張下がり
22	接続部継目止水確認	
23	一層目埋戻転圧	毎層300mm以内（路体）　200mm以内（路床）
24	一層目埋戻出来形確認	検収棒若しくは、丁張下がり
25	N層目埋戻転圧	毎層300mm以内（路体）　200mm以内（路床）
26	N層目埋戻出来形確認	検収棒若しくは、丁張下がり
27	鉄蓋設置	吊位置、吊荷ワイヤーの安全確認　合図者の確認
28	無収縮モルタル打設	
29	鉄蓋設置出来形確認	丁張下がり
30	路床出来形確認	丁張下がり　WH

表2　管路部の施工上のチェックポイント例

	施工順序	施工上のチェックポイント
1	朝礼	KYK・作業内容の徹底、吊荷ワイヤー等使用材料の安全確認
2	建設機械始業前点検	各工事車両車止等も確認
3	使用材料確認	各種部材料使用順序等考慮のうえ整理整頓
4	床付・掘削	埋設物を確認しながらの掘削　既設舗装を汚さないよう、施工
5	軽量鋼矢板設置	施工計画書に基づいての施工
6	腹起・切梁設置	
7	矢板根入確認	
8	矢板間隔確認	法切1：3開削施工の場合は不要
9	腹起位置確認	
10	床付出来形確認	丁張下がり　WH
11	管挿入確認	挿入線
12	滑材塗布確認	
13	分岐管設置確認	
14	管枕設置確認	間隔　L1（500mm）　L2（2500mm）
15	各管離隔確認	離隔　S1（50mm）　S2（70mm）
16	管敷設確認	丁張下がり　H
17	管防護砂転圧	毎層150mm以内
18	管防護砂確認	管上100mm　T（H）
19	一層目埋戻転圧	毎層300mm以内（路体）　200mm以内（路床）
20	一層目埋戻出来形確認	検収棒若しくは、丁張下がり
21	埋設シート敷設	
22	埋設シート確認	丁張下がり　HW　管上300mm（車道部）　200mm（歩道部）
23	N層目埋戻転圧	毎層300mm以内（路体）　200mm以内（路床）
24	N層目埋戻出来形確認	検収棒若しくは、丁張下がり
25	路床出来形確認	丁張下がり　WH
26	埋戻標準貫入試験	路床面から100mmの貫入に要する打撃回数は17回以上

表3　宅内桝部の施工上のチェックポイント例

	施工順序	施工上のチェックポイント
1	朝礼	KYK・作業内容の徹底、吊荷ワイヤー等使用材料の安全確認
2	建設機械始業前点検	各工事車両車止等も確認
3	使用材料確認	各種部材料使用順序等考慮のうえ整理整頓
4	床付・掘削	埋設物を確認しながらの掘削　既設舗装を汚さないよう、施工
5	軽量鋼矢板設置	施工計画書に基づいての施工
6	腹起・切梁設置	
7	矢板根入確認	
8	矢板間隔確認	法切1：3開削施工の場合は不要
9	腹起位置確認	
10	管枕設置確認	間隔　L1（500mm）　L2（2500mm）
11	各管離隔確認	離隔　S1（50mm）　S2（70mm）
12	管敷設確認	丁張下がり　H
13	管防護砂転圧	毎層150mm以内
14	管防護砂確認	管上100mm　T（H）
15	床付出来形確認	丁張下がり　LWH
16	基礎砕石転圧	
17	基礎砕石出来形確認	丁張下がり　LWH
18	調整モルタル敷均し	1：3空練モルタル
19	調整モルタル出来形確認	敷均厚　H（T）
20	分岐桝設置	吊位置、吊荷ワイヤーの安全確認　合図者の確認
21	分岐桝設置出来形確認	丁張下がり　H
22	桝蓋設置	吊位置、吊荷ワイヤーの安全確認　合図者の確認
23	桝蓋設置出来形確認	丁張下がり　H
24	一層目埋戻転圧	毎層300mm以内（路体）　200mm以内（路床）
25	一層目埋戻出来形確認	検収棒若しくは、丁張下がり
26	埋設シート敷設	
27	埋設シート確認	丁張下がり　HW　管上300mm（車道部）　200mm（歩道部）
28	N層目埋戻転圧	毎層300mm以内（路体）　200mm以内（路床）
29	N層目埋戻出来形確認	検収棒若しくは、丁張下がり
30	路床出来形確認	丁張下がり　WH

4 特筆すべき施工上の留意点

　新設される戸建住宅地における電線類地中化工事は、前述した、施工手順や施工上のチェックポイントを的確に行うことにより円滑な施工を行うことが可能となるが、中でも特筆すべき施工上の留意点は次の項目となる。
・敷設される各種埋設管の施工順位
・下水道管など他埋設管との離隔
・その他の留意点

〔解説〕

　新設される戸建住宅地内での電線類地中化工事は、下水道管、水道管およびガス管など、他の埋設管工事との競合工事となることから、手戻り工事が発生しない効率的な施工を行う上での施工上の留意点について解説する。

（1）施工順位について
① 下層埋設物から施工するよう造成工事との整合を図る。
② 管路部については、特に下水管との順位が現場内で変化する場合は特に留意した調整を図る（**図12**参照）。
③ 特殊部については、特に特殊部と下水管系のマンホールが近接する箇所は、特殊部設置を先行する（**図13**参照）。

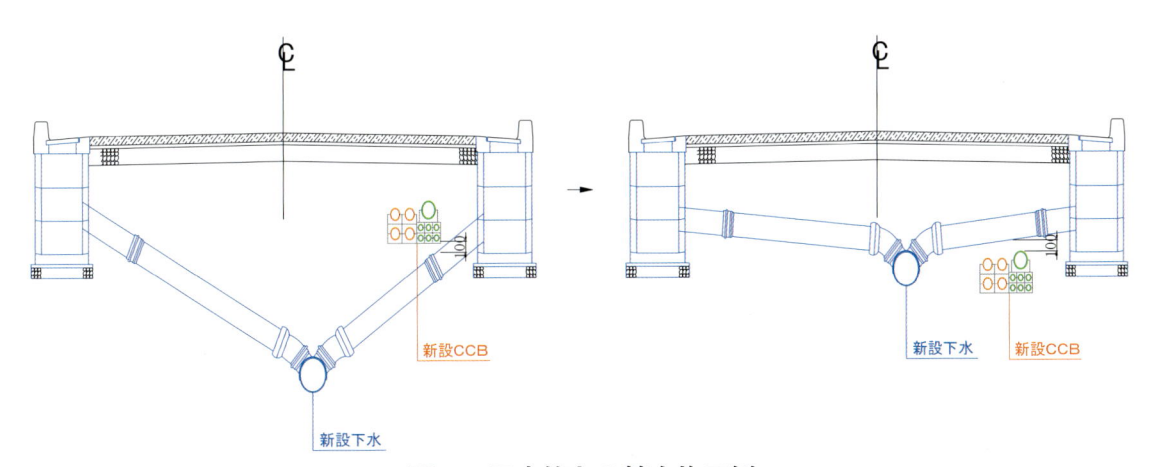

図12　下水管との競合施工例

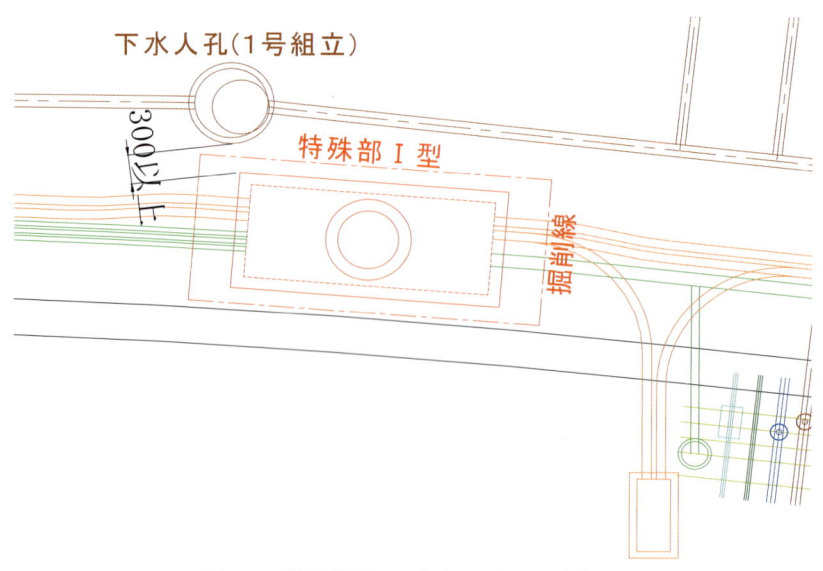

図13 特殊部と下水人孔との近接例

(2) 下水道管など他埋設管との離隔について

　下水道管など他の埋設管との離隔について次に示す事項に留意する。

① 平面離隔は、道路管理者と調整して決定する。従来の事例では300mm以上確保することが多い（**図13**参照）。

② 交差の上下離隔は、道路管理者と調整して決定する。従来の事例では100mm以上確保することが多い（**図14**参照）。

③ 雨水排水設備がU型側溝の場合、宅内への電線管の引込みについては、後発設置となるU型側溝の基礎との離隔を確保する。

　特に、下水道（汚水、雨水）施設との交差部においては、設計上極めて厳しい離隔しか取れない状態になるので、施工においても設計の離隔を厳守するような的確な工事を行わなければならない。

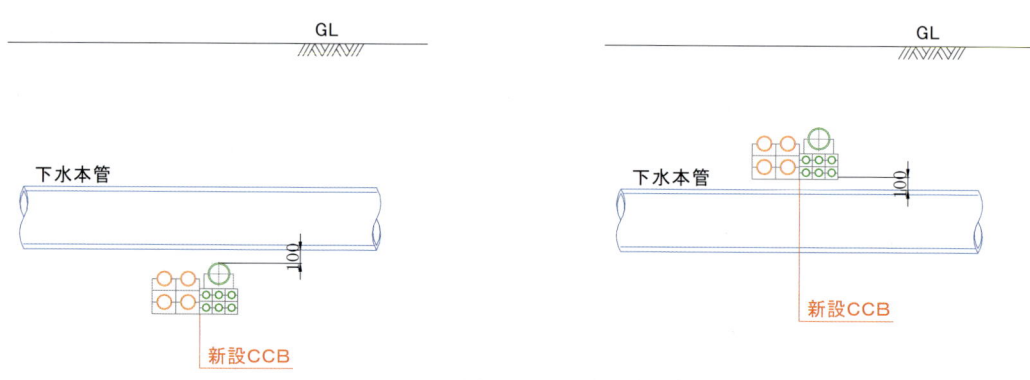

図14 下水本管との上下離隔の確保

（3） その他の留意点
① 設計時に、街路灯および共用 FA 管などの通信管については、ケーブル引入れ時に、通線を円滑に行うための通線ひもの要・不要について各電線管理者に確認を行うため、施工時点においてもこれら設計条件を確実に継承して遵守する。
② 地上変圧器箇所は、変圧器については接地工事が必要となるため、電力会社との協議が必要となる。

V

事例編

1　関東圏における整備事例の紹介

　新市街地における無電柱化（地中化）は、要請者負担で従来から行われている。しかし、従来実施された手法は、電線管理者が設計・施工・設備所有する単独管路の手法であるのに対し、最近（ここ3～4年）は、開発者が電線管理者、将来の道路管理者（道路移管は開発行為が終わった後、議会を通って初めて道路認定されるため）と協議を行い、管路設備の設計・施工を実施し、道路と共に自治体へ設備移管する手法が確立されてきたことから、徐々に事例が増えてきている。

　この手法を採用した場合のメリットは以下のような点が挙げられ、かつ無電柱化トータルコストの低減が図れる。

① 開発者側で管路設備の設計・施工を行うため、造成工事との整合が図れ、工期の短縮が図れる
② 管路・特殊部の共有により省スペース化が図れる
③ 電線管理者は所有設備がケーブル・機器に限定されるため、資産の軽減が図れる
④ 道路管理者用の予備管を入れることで、将来の新規参入への対応が可能

　完成した地中管路設備の道路管理者の受取り方は、道路付属物として受け取る場合と道路占用物（公共管路）として受け取る場合の2ケースある。道路付属物として受け取るとは、電線共同溝にするということと同義であるので、法に基づく手続きが必要となる。

　次頁の**表1**に現地調査を行った新市街地の無電柱化事例箇所一覧と各箇所の詳細な情報については、統一した書式にてそれ以降の頁に示す。

表1　事例箇所一覧

No	整備箇所	開発事業名称	開発者
1	東京都東村山市秋津町4丁目	ブルーミングガーデン・グラングレーヌ	（株）東栄住宅
2	埼玉県越谷市越谷レイクタウン特定土地区画整理事業区域内202街区1画地の一部	レイクタウン美環の杜	大和ハウス工業（株）
3	茨城県つくば市葛城一体型特定土地区画整理事業地内A-49街区内	つくばロケーションビレッジ	鎌形建設（株）

1. ブルーミングガーデン・グラングレーヌ（東京都東村山市秋津町）

整備概要

事業名称	ブルーミングガーデン・グラングレーヌ
開発事業者	株式会社東栄住宅
開発地住所	東京都東村山市秋津町4丁目
開発期間・販売時期	H19.4 ～ H21年1月現在、第Ⅱ期分譲中
開発規模	全体開発面積：37,095.73m²（内訳：分譲住宅216区画、計画戸数：総戸数231売地15区画）
街区・画地割付平面図	次ページ参照

無電柱化手法・役割分担

無電柱化方式	開発エリア内の道路すべてで無電柱化を実施
地中設備の所有者	開発者側で管路構造物（桝。管路）を設計・施工し、道路と共に道路管理者（自治体）へ移管自治体は道路占用物として受領
	ケーブル・機器代は架空設備費との差額を開発側が負担
	ケーブル・機器は各電線管理者所有
	管路構造物は道路管理者（自治体）が所有
設計・施工体制	区画道路の管路構造物の設計・施工は開発にて実施
	開発者にてコンサルタント会社と契約し実施。コンサルタント会社にて、自治体・電線管理者と調整のうえ、管路設備の設計・施工を行う
	ケーブル・機器は各電線管理者設備のため、電線管理者にて設計・施工を実施
無電柱化の背景	構想の初期段階から、他との差別化を図り無電柱化を指向

調整上の問題点

行政	地上機器は公園と民地を割ったスペースに配置地上機器設置スペースは道路として東村山市へ移管

Ⅴ 事例編

1. ブルーミングガーデン・グラングレース（東京都東村山市秋津町）

デザインによって街を演出します。

電力地上機器（フットバスに設置）

103

2. レイクタウン美環の杜（埼玉県越谷市）

整備概要

事業名称	レイクタウン美環の杜
開発事業者	大和ハウス工業株式会社
開発地住所	埼玉県越谷市：越谷レイクタウン特定土地区画整理事業内202街区
開発期間・販売時期	H19.3 〜 H21年1月現在、第3期分譲住宅 分譲中
開発規模	全体開発面積：32,585.73m² 計　画　戸　数：総戸数132
街区・画地割付平面図	次ページ参照

無電柱化手法・役割分担

無電柱化方式	開発エリア内の道路すべてで無電柱化を実施 開発者側で管路構造物（桝。管路）を設計・施工し、道路と共に道路管理者（自治体）へ移管 自治体は道路占用物として受領 ケーブル・機器代は架空設備費との差額を開発者側が負担
地中設備の所有者	ケーブル・機器は各電線管理者所有 管路構造物は道路管理者（自治体）が所有
設計・施工体制	区画道路の管路構造物の設計・施工は開発者にて実施 開発者にてコンサルタント会社と契約し実施。コンサルタント会社にて、自治体・電線管理者と調整のうえ、管路設備の設計・施工を行う ケーブル・機器は各電線管理者設備のため、電線管理者にて設計・施工を実施
無電柱化の背景	良好なまちなみ景観を創出するため、電線類の地中化が義務付けられていた

調整上の問題点

行政	地上機器は緑地スペースにごみ収集スペースと併設して配置 地上機器設置スペースは道路用地として越谷市へ移管

Ⅴ　事例編

2．レイクタウン美環の杜（埼玉県越谷市）

105

3．つくばロケーションビレッジ（茨城県つくば市）

整備概要

事業名称	つくばロケーションビレッジ
開発事業者	鎌形建設株式会社
開発地住所	茨城県つくば市葛城一体型特定土地区画整理事業地内A－49街区内
開発期間・販売時期	H18.11 ～ H21年1月現在、建売＋建築条件付宅地 分譲中
開発規模	全体開発面積：8,248㎡ 計画戸数：総戸数36（内訳：分譲住宅2区画、建築条件付宅地34区画）
街区・画地割付平面図	次ページ参照

無電柱化手法・役割分担

無電柱化方式	開発エリア内の道路すべてで無電柱化を実施 開発者側で管路構造物（桝。管路）を設計・施工し、道路と共に道路管理者（自治体）へ移管 自治体は道路占用物件としても受領
地中設備の所有者	ケーブル・機器代は架空設備費との差額を開発者側が負担 ケーブル・機器類は各電線管理者所有 管路構造物は道路管理者（自治体）が所有
設計・施工体制	区画道路道路の管路構造物の設計・施工は開発者にて実施 開発者にてコンサルタント会社と契約し実施。コンサルタント会社にて、自治体・電線管理者と調整のうえ、管路設備の設計・施工を行う ケーブル・機器は各電線管理者設備のため、電線管理者にて設計・施工を実施
無電柱化の背景	都市機構（UR）の土地売却条件として無電柱化が前提条件であった

調整上の問題点

行政	地上機器は民地を割ったスペースに配置 地上機器設置スペースは道路としてつくば市へ移管

106

Ⅴ　事例編

3. つくばロケーションビレッジ（茨城県つくば市）

県道部はURIにより無電柱化

南側に隣接する住宅団地もURIにより無電柱化

南側に隣接する住宅団地もURIにより無電柱化

107

VI

資料編

1 無電柱化推進計画（本文）

平成16年4月14日　国道地環第4号

1．はじめに

　電線類地中化については、昭和61年度から3期にわたる「電線類地中化計画」と「新電線類地中化計画」に基づき、関係者間の協力のもと積極的に推進してきたところである。

　これまでの取り組みにより、市街地の幹線道路[※1]の無電柱化率[※2]9％（平成15年度末見込み）になるなど、まちなかの幹線道路については一定の整備が図られてきている。しかし、その水準は欧米都市と比較すると依然として大きく立ち遅れており、引き続き推進していく必要がある。

　また、「新電線類地中化計画」策定以降、「交通バリアフリー法」[※3]の施行や「観光立国行動計画」の策定等がなされ、道路から電柱・電線を無くす無電柱化に対する要請は、歩行空間のバリアフリー化、歴史的な街並みの保全、避難路の確保等の都市防災対策、良好な住環境の形成等の観点からもより一層強く求められるようになり、これまでの幹線道路だけではなく非幹線道路においても無電柱化を進めていくことが必要となっている。

　一方、電力・通信分野の自由化の進展等に伴い電線管理者の経営環境は厳しさを増し、また国・地方公共団体における財政事情も悪化しており、一層のコスト縮減等円滑な推進のための課題への対応も必要となっている。

　こうした時代の要請と課題に応え、無電柱化が美しい国づくり、活力ある地域の再生、質の高い生活空間の創造に大きく貢献することを目指し、新たに主要な非幹線道路も整備対象に加え地中化以外の手法も活用して、我が国の無電柱化を計画的に推進するため、本計画を策定したものである。

※1　都市計画法における市街化区域及び市街化区域が定められていない人口10万人以上の都市における用途地域内の一般国道及び都道府県道
※2　電柱、電線のない道路の延長の割合
※3　高齢者、身体障害者等の公共交通機関を利用した移動の円滑化の促進に関する法律

2．無電柱化の基本的な考え方

　無電柱化は、安全で快適な通行空間の確保、都市景観の向上、都市災害の防止、情報通信ネットワークの信頼性の向上、観光振興、地域活性化等の観点からその必要性及び整備効果は大きく、一層の推進が強く要請されている。それらの要請に応え、自由化等で厳しさを増す電線管理者の経営環境や国・地方公共団体の財政状況の悪化等の課題に対応しつつ、道路管理者、電線管理者及び地元関係者（地方公共団体、地域住民）が三位一体となった密接な協力のもと、これまでの幹線道路に加え新たに主要な非幹線道路も対象として、より一層の

無電柱化を積極的に推進する。

3．無電柱化対象の考え方
　1）基本的方針
　　　無電柱化対象の選定にあたっては、以下を基本的方針とする。
　　①まちなかの幹線道路については、引き続き重点的に整備を推進するものとする。
　　②都市景観に加え、防災対策（緊急輸送道路・避難路の確保）、バリアフリー化等の観点からも整備を推進するものとする。
　　③良好な都市環境・住環境の形成や歴史的街並みの保全等が特に必要な地区においては、主要な非幹線道路も含めた面的な整備を実施するものとする。
　2）無電柱化実施箇所の選定
　　　無電柱化実施箇所の選定にあたっては、基本的方針に沿って、以下の要件を総合的に勘案し、必要性及び整備効果の高い箇所を選定するものとする。
　　①路線要件
　　　不特定多数の歩行者や自動車の利用頻度の高い、地域の骨格となる幹線道路及び主要な非幹線道路の無電柱化を重点的に実施するものとする。
　　②用途要件
　　　商業地域、近隣商業地域、住居系地域において引き続き無電柱化を実施するほか、歴史的街並みの保全が特に必要な地区等においても実施するものとする。
　　③関連事業要件
　　　土地区画整理事業、市街地再開発事業、バリアフリー化事業等、他の関連事業と併せた無電柱化を重点的に実施するものとする。
　　④沿道要件
　　　地域の景観改善への取り組み、電力・通信の需要の観点に配慮して無電柱化を実施するものとする。

4．無電柱化の進め方
　1）コスト縮減
　　　電力・通信分野の自由化の進展等に伴い厳しさを増す電線管理者の経営環境、国・地方公共団体の財政事情の悪化などに対応するため、無電柱化のコストを縮減することが急務である。そのため、さらなる簡便でコスト縮減が可能な無電柱化の手法として以下の方針で実施するものとする。
　　①同時施工
　　　都市部のバイパス事業、拡幅事業、街路事業、土地区画整理事業、市街地再開発事業、バリアフリー化事業に併せて、電線共同溝等を原則同時施工するものとする。その際には、計画のなるべく早い段階から調整を行い円滑な事業実施を図るものとする。
　　②浅層埋設方式の導入
　　　従来よりコンパクトで簡便な浅層埋設方式を標準化するものとし、掘削埋め戻し土量の

削減等により概ね2割のコスト縮減を目標とする。
③既存ストックの有効活用
既設の地中管路について、管路所有者と協議の上可能で有れば、電線共同溝等の一部として活用するものとする。
④地中化以外の無電柱化手法の導入
非幹線道路を中心に、軒下配線・裏配線等の手法も導入し、無電柱化するものとする。

2）整備手法
①電線共同溝方式
以下のa)、b)のいずれかに該当する道路については、電線共同溝方式による整備を基本とするものとする。
　a) 幹線道路
　・商業地域、オフィス街、駅周辺、住居地域の幹線道路
　・地域防災計画に位置づけられている都市部の緊急輸送路等
　b) 以下の地区内の幹線道路及び主要な非幹線道路
　・くらしのみちゾーン
　・重要伝統的建造物群保存地区、歴史的風土保存区域、第一種歴史的風土保存地区及び第二種歴史的風土保存地区
　・バリアフリー重点整備地区（特定経路）
　・既成市街地等で都市計画決定された土地区画整理事業・市街地再開発事業地区
　・特に防災上、整備の緊急性が高い密集市街地
②電線共同溝方式以外の無電柱化手法
自治体管路方式、単独地中化方式等の地中化手法、あるいは裏配線、軒下配線等の地中化以外の無電柱化手法も活用して整備するものとする。

なお、土地区画整理事業や宅地開発事業などにおいて、まちづくりの計画段階から共同して計画を行い、主要な道路においては、裏配線などにより当初から電線や電柱がない環境を実現する手法も活用するものとする。

3）整備を進めるにあたっての体制
①全国10ブロック毎の道路管理者、電線管理者、地方公共団体等関係者からなる無電柱化協議会において、構成員の意見を十分反映した協議により、推進計画を策定し計画的に推進するとともに、定期的に同協議会を開催し円滑な推進に努めるものとする。
②同協議会においては、都道府県単位などの地方部会の意見を反映するものとする。
③具体の無電柱化箇所における事業実施に関しては、道路管理者、電線管理者、地元関係者の各々が果たすべき役割と責任を踏まえ、連絡会議の設置等により円滑に推進するものとする。

5．費用負担のあり方
　　無電柱化に伴う費用については、以下の通りとする。
①電線共同溝方式：電線共同溝の整備等に関する特別措置法に基づき、道路管理者及び電線管理者等が負担する方法
②自治体管路方式：管路設備の材料費及び敷設費を地方公共団体が負担し、残りを電線管理者が負担する方法
③単独地中化方式：全額電線管理者が負担する方法
④その他、無電柱化協議会で優先度が低いとされた箇所において無電柱化を実施する場合には、原則として全額要請者が負担するものとする。

6．整備の目標
　　平成16年度から20年度までの5年間を計画期間とし、以下を目標として整備を推進するものとする。
①市街地の幹線道路については、その無電柱化率を現在の9％から17％に向上させる。
②政令指定都市、道府県庁所在地等の主要都市においてまちの顔となる道路[※1] の無電柱化率については、48％から58％に向上させる。
③くらしのみちゾーン、重要伝統的建造物群保存地区等、バリアフリー重点整備地区等、主要な非幹線道路も含めた面的整備を推進すべき地区[※2] については、概ね7割の地区で整備に着手する。

※1　商業地域内の国道、都道府県道及び4車線以上の市区町村道
※2　407地区（平成15年度末現在）

2　無電柱化における電力・通信設備の概要

2-1　無電柱化の構造

　無電柱化を考える上で、電線類の幹線と供給線をどのような方法で無電柱化するかが重要となる。前章では無電柱化実施時に必要となる設備について述べてきたが、ここでは電線類の種別など、構造の観点から解説する。

　各家屋への供給に必要となる電線類は、幹線（電力の場合6.6kVなど）と供給線（電力の場合200/100Vなど）に大別できる（図1）。

　幹線は高圧電線路のため必要離隔や保安上の観点から軒下に取り付けることは困難と考えられる。そのため無電柱化に際しては、「地中化」または「裏配線」の2通りが考えられる。

　また供給線については、「（地中からの）個別立上げ」、「裏からの配線」に加え、軒を利用して隣接家屋へ供給する「軒下配線」も考えられる。

```
                      ┌── 幹線  ──── ①完全地中化（地上機器設置）
電力線・通信線 ──┤                    ②街路灯との共用柱を用いた地中化
                      │                    ③裏配線
                      └── 供給線 ──── ④個別立上げ
                                            ⑤裏配線
                                            ⑥軒下配線
```

【無電柱化の構造】

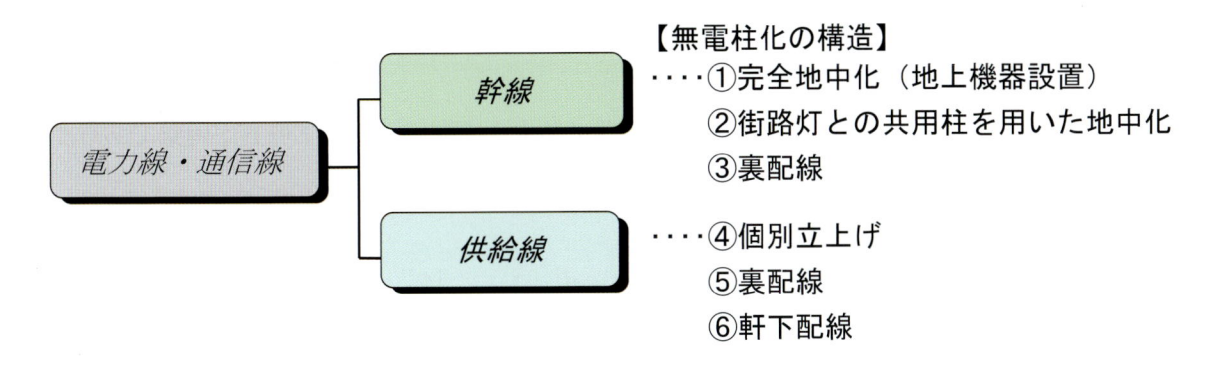

図1　ケーブルの分類

2-2 電力の地中設備への変化

電柱には高圧や低圧の電線の他に「開閉器」や「変圧器（トランス）」が設置される。地中化整備を行う場合には、図2に示すように、これらの機器を地上に設置する必要がある。

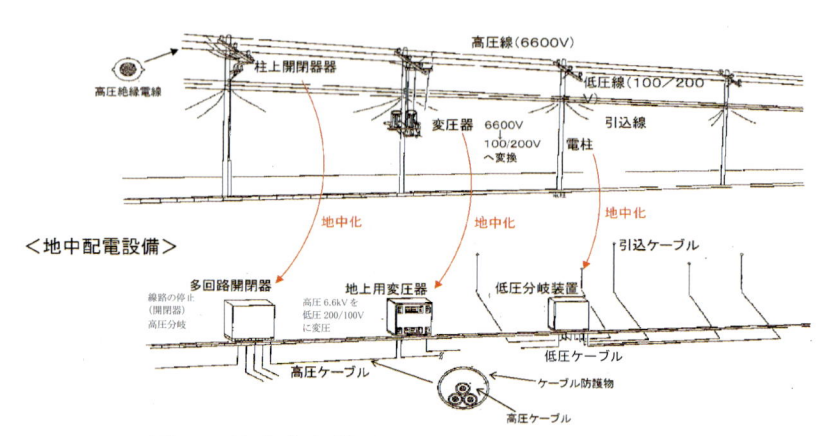

図2　地中化整備時に必要な電力設備の概要

高圧線は地下管路に収容し、高圧系統の開閉器は防水上の観点から地下収容が困難であるため、図3に示すように、地上機器として路上に設置する必要がある。

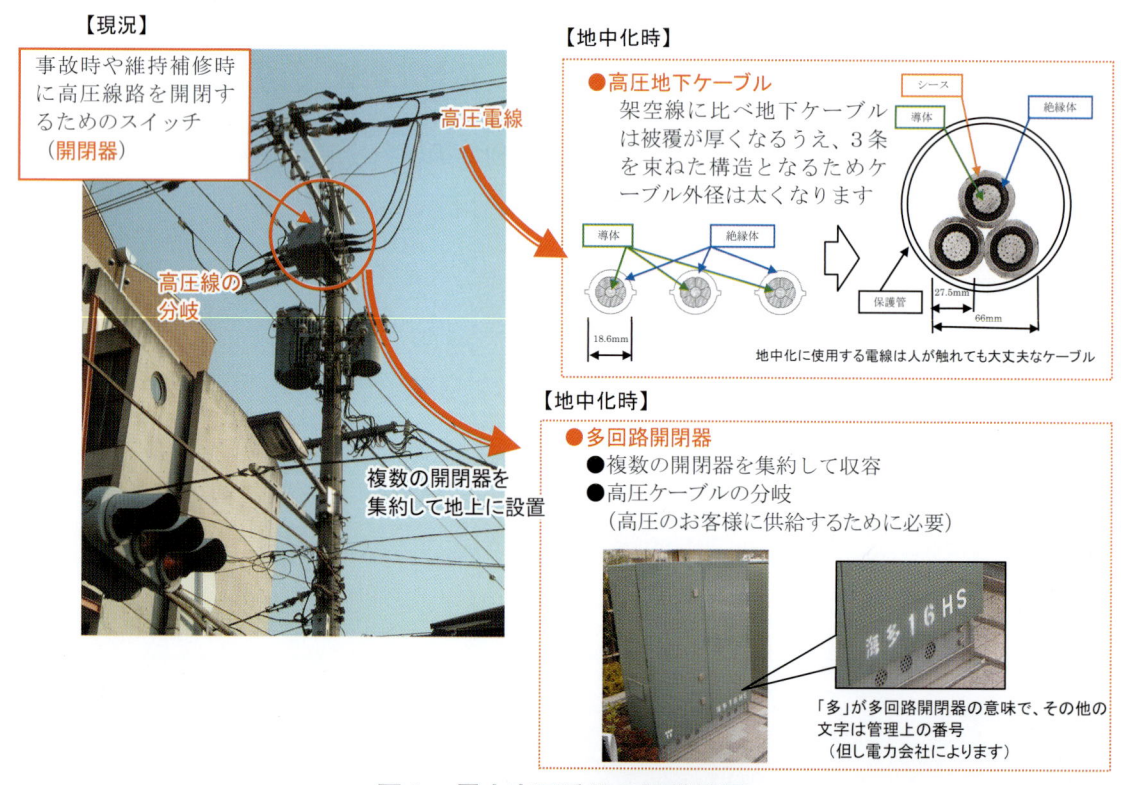

図3　電力高圧系統の設備概要

Ⅵ　資料編

　高圧から低圧に変圧する「変圧器」や低圧を分岐する「低圧分岐装置」についても、防水上の観点から地下収容が困難であるため、地上機器として路上に設置する必要がある（**図4**）。

図4　電力低圧系統の設備概要

2-3 通信の地中設備への変化

通信事業者ケーブルを接続・分岐するクロージャーやタップオフは、地中化整備時には図5に示すようにクロージャーやタップオフをハンドホール内に収容する必要がある。

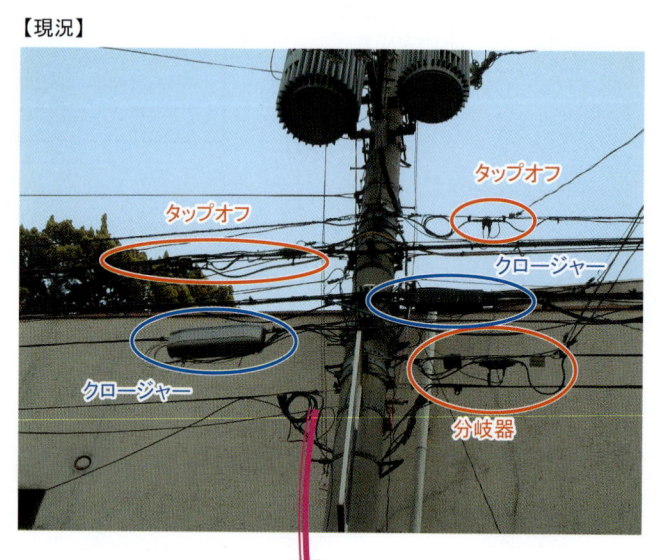

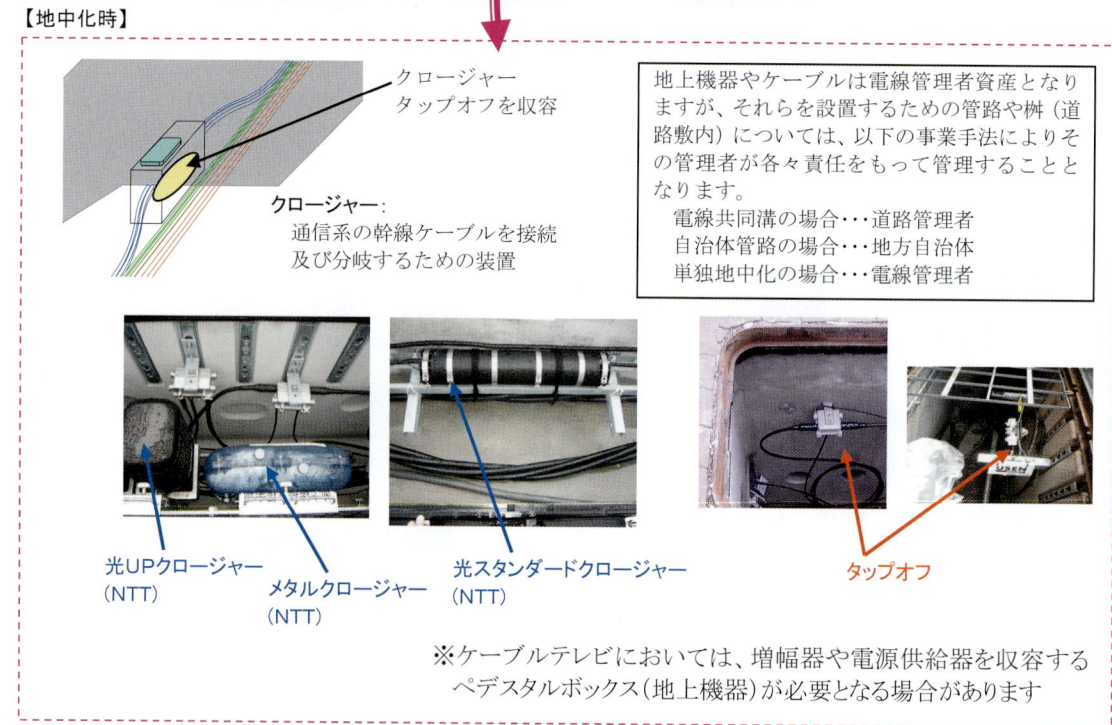

図5 通信系統の設備概要

国土交通省が、主に既存道路における電線共同溝事業として推進してきた中での、通信系における管路方式の変化は、図6に示すとおりである。

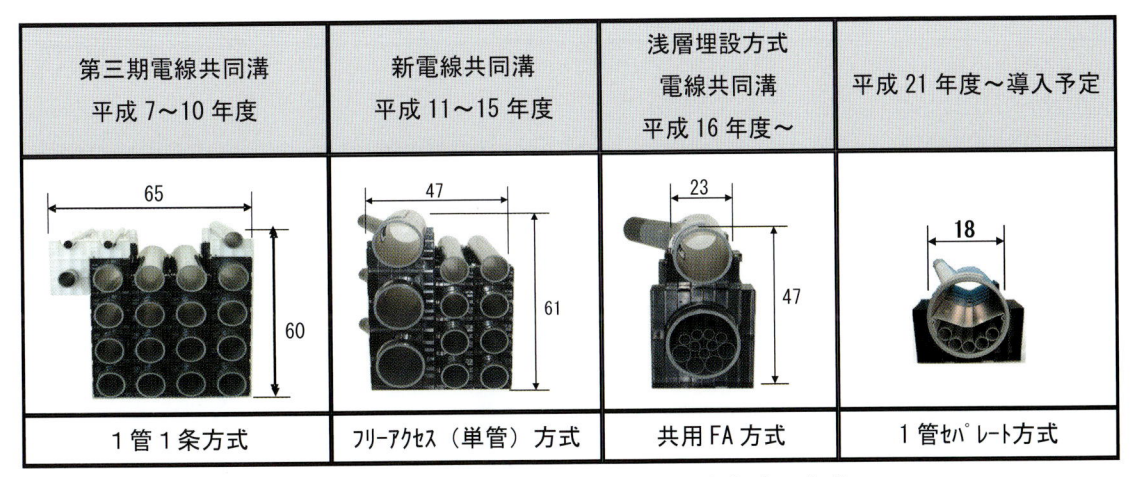

第三期電線共同溝 平成7～10年度	新電線共同溝 平成11～15年度	浅層埋設方式 電線共同溝 平成16年度～	平成21年度～導入予定
65 × 60	47 × 61	23 × 47	18
1管1条方式	フリーアクセス（単管）方式	共用FA方式	1管セパレート方式

図6　既存道路における通信系管路方式の変化

　1管セパレート方式は、共用FA管とボディ管の機能を1管で兼用し、セパレータで分割された管路方式である。本方式の適用は通信需要の低い地域で概ね次の地中化区間に適用する。①沿道需要が将来とも低い道路、②面的整備地域内等の区画道路、路地等、③歴史的・観光的街並み、④住宅開発地域（公社・デベロッパー等）、⑤再開発、区画整理地域、⑥島しょ部等の建柱不適格道路。また、共用FA方式と比較して、よりコンパクトな構造となっており、狭隘道路への適用が可能である。共用FA方式と1管セパレート方式の適用イメージは、**図7**に示すとおりである。

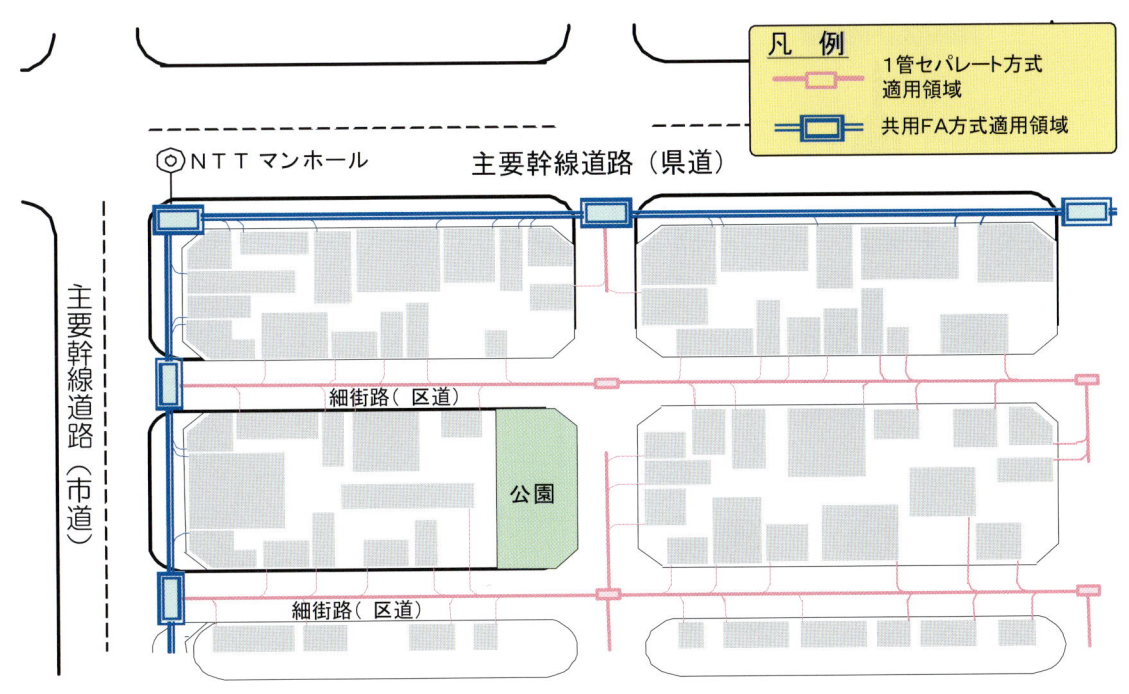

図7　既成市街地における共用FA方式と1管セパレート方式の適用領域のイメージ

　これまでの電力・通信設備の変化を次頁の**図8**にまとめる。

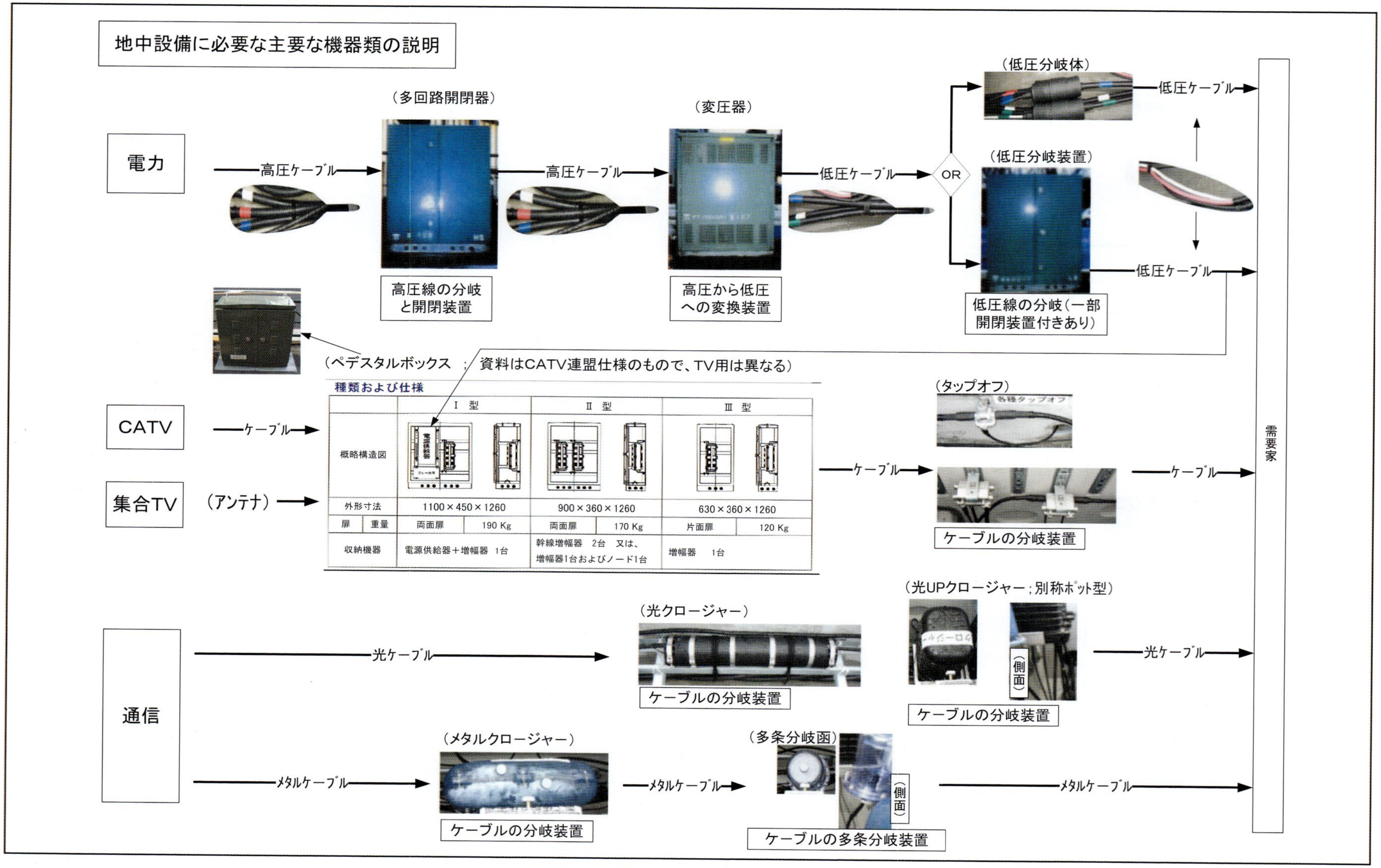

図8 電力・通信設備の変化

2-4　地中設備以外への変化

　裏配線や軒下配線を用いる場合、撤去対象電柱に設置されている以下の設備を裏通り等に配置替えする必要が生じる（図9、図10）。

　　電力：開閉器、変圧器　等
　　通信：クロージャー、タップオフ　等

（裏配線）

　上記設備の他に幹線や引込線などの電線についても、裏通りに移設することになる。裏配線を適用するに当たっては、全ての電線管理者が裏側に移設することが条件となる。

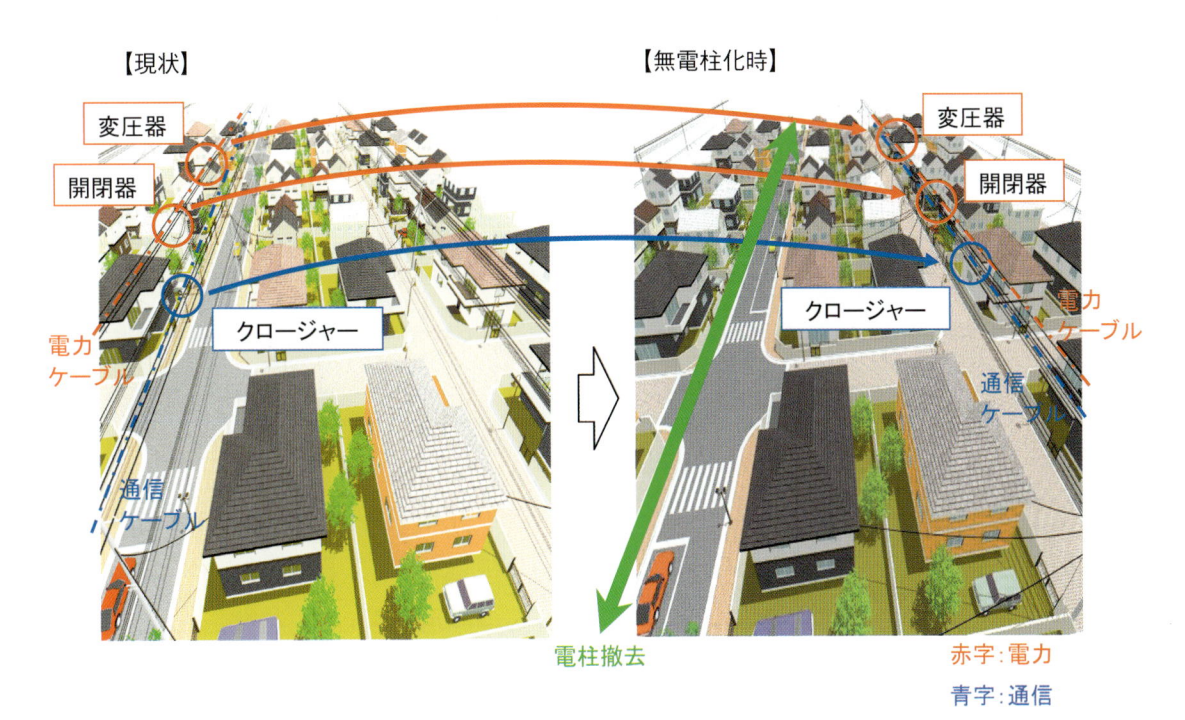

図9　裏配線のイメージ

図10　裏配線の例

また地中化や地中化以外にかかわらず、無電柱化区間では電柱が撤去されることにより、整備区間境界の端部の電柱には片方向の引張り力が作用することとなり、**図11**にように支線や支柱のいずれかを設置する必要がある。

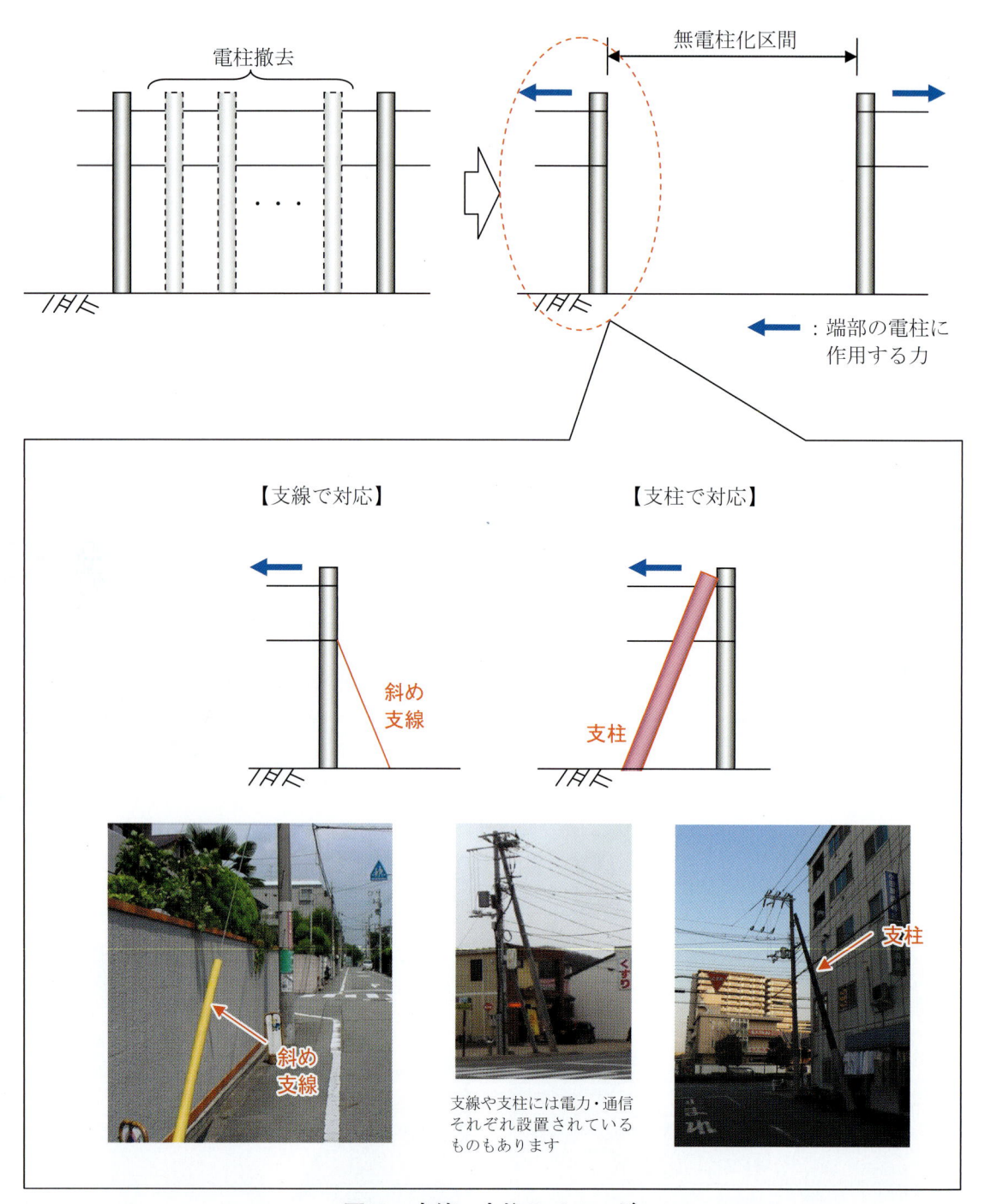

図11　支線・支柱のイメージ

VII

用語集

Ⅱ　基礎編

頁	＊No)	用語	用語の解説
9	＊1)	既設埋設物	既に供用中の道路においては、電気・ガス・水道および通信等の管路が道路下に埋設され供用されている。これら管路構造物の総称。
11	＊2)	地上機器	地上機器とは、高圧線の分配や開閉器の機能を備えた多回路開閉器や、地上用の変圧器などの総称をいう。
11	＊3)	第1種低層住居専用地域	都市計画法第48条に取り決められている用途地域の種類のひとつであり、「低層住宅に関する良好な住居環境を保護するため定める地域」とされている。
11	＊4)	特殊部	需要家への供給のための分岐・接続等を行う分岐部、ケーブルの接続を行う接続部を総称して特殊部という。
11	＊5)	支障移設	新たに電線共同溝を設置するために、支障となる既設埋設物（管路やマンホール）を側方に移す行為を支障移設と呼ぶ。電線共同溝の場合、工事は埋設物毎に当該の道路占用企業者が行い、その費用については電線共同溝の移設補償費で賄われる。電線共同溝建設の高コスト要因のひとつとなる。
12	＊6)	柱状型機器	柱状型機器とは、通常の上空に設置する機器に比べ、小型等で景観の整備に配慮した形状の機器のことをいう。なお機器とは、変圧器、電源供給器、幹線増幅器等をいう。
13	＊7)	幹線	電力については地上変圧器から上位側の系統で、6000Vの電圧となるため高圧幹線と記述している場合もある。通信についてはクロージャから上位側の系統をいう。
15	＊8)	供給線	各戸の使用状況に合わせて配線される線をいう。電力については地上変圧器から各戸までのケーブル範囲をいい、100Vの電圧となるため低圧供給線と記述している場合もある。通信についてはクロージャから各戸までのケーブル範囲をいう。
16	＊9)	ペデスタルボックス	CATVや音楽放送ケーブルの地上機器で増幅器、電源供給器等。
16	＊10)	タップオフ	CATV（難視聴用を含む）や音楽放送ケーブルの分岐に用いる機器。
16	＊11)	クロージャ	情報通信・放送系ケーブルの接続・分岐に用いる機器。

頁	＊No）	用語	用語の解説
18	＊12)	地中線供給方式	「電気供給約款の理論と実務」電気供給約款研究会編、（社）日本電気協会新聞部発行、H９.４.１、pp304（3）「地中引込線」に考え方が記述。具体的には、電力に関しては供給約款上における「地中引込線」の考え方に基づき個々に供給申込者との間で協議して行う方式である。この方式は、開発事業を行う際に供給申込者が地中線での供給を電力会社に要請するもので、実績によれば平成５年～平成７年の開発が旺盛な時期にピークを迎えている。開発区域（新設される戸建住宅地での戸建住宅開発も含まれる）に対する地中供給は、供給申込者の要請に基づく本方式が標準であった。この考え方は、基本的に通信に関しても同様である。
18	＊13)	電話サービス契約約款	{NTT東日本の電話サービス契約約款より該当部分を抜粋} http：//www.ntt-east.co.jp/tariff/yakkan/pdf/e 01.pdf （契約者からの契約者回線及び端末設備の設置場所の提供等） 第92条の契約者からの契約者回線及び端末設備の設置場所の提供等については、次に定めるところによる。 （契約者からの契約者回線及び端末設備の設置場所の提供等） 別記６の(4)項に、「契約者は、契約者回線の終端のある構内（これに準ずる区域内を含みます。）又は建物内において、当社の電気通信設備を設置するために管路等の特別な設備を使用することを希望するときは、自己の負担によりその特別な設備を設置していただきます。」と記載されている。地中構造はこの特別な設備に該当する。なお、この条項はNTT東日本及びNTT西日本ともに同じである。
18	＊14)	公共管路	管路構造は、電線共同溝と同じであるが、道路付属物とするための法に基づく手続きを行わずに当該行政に移管する形式。したがって、最終的には当該行政所有の管路構造が、同様に当該行政へ移管される道路法上の道路に占用する形式となる。電線共同溝法に基づかないため将来に亘り上空占用の制限が課せられない問題点がある。

頁	＊No)	用語	用語の解説
19	＊15)	法制化	電線共同溝法は、既存の道路上に建つ電線を地中化することを念頭において成立されたものであるため、路線指定できる道路法上の道路が存在することが前提となる。新設される戸建住宅地においては、区画道路を造りながらの地中化となることから、道路認定前の作業となる。このため、電線共同溝法の適用においては路線指定の解釈も含め、柔軟な運用方策の構築が必要になる。
22	＊16)	裏道	画地の裏界線（道路と反対側の線）を背割り線というが、この背割り線に設ける道路（ここでいう道路とは道路法上の道路に限らない）をこの手引きでは裏道としている。裏道をつくる手法として、裏界線に向かい合う各々の画地が、何mか土地を供出してつくる専有地型、共有地型、公共用地型などがある。また、この部分を電柱を建てるスペースあるいは地下埋設のスペースとして利用する場合がある。
24	＊17)	宅内桝	各戸への供給のために、各戸の敷地内（駐車場内など）に設ける桝の総称。電力用の宅内桝の中には、低圧分岐体が収納され、そこから各戸への供給線が分岐される。通信は道路内の特殊部でクロージャによって各戸向けに分岐されてくるため分岐としての宅内桝は必要無いが、桝を境界にして、道路側と住居側の管路品質に対する責任分界点の明確化とケーブル引入れの円滑化を図るために宅地内に設置される。なお、責任分界点の明確化は電力における宅内桝も同様の役割を果たしている。
24	＊18)	土地評価額の減額分	裏道として画地の一部を供出した場合、複数の地権者が私道を分筆し持ち合うケースと同じで、供出した部分の土地については、実質的に利用制限がかかることになる。このため、土地の評価額は有効に宅地として自由に使える部分に対して減少することになる。このことを土地評価額の減額としている。

Ⅲ 設計編

頁	＊No)	用語	用語の解説
38	＊1)	CATV	CATVは、Common Antenna Television, Community Antenna Television（共同受信）の略であるが、本手引書におけるCATVについては、有料でのケーブルテレビ・サービスを行っており、新設戸建住宅に供給するサービスを行っている事業をいう。
38	＊2)	音放	本手引書における音放とは、有線ラジオ放送（ゆうせんラジオほうそう）の略であり、有線電気通信設備を用いた音声その他の音響の放送で、新設戸建住宅に供給するサービスを行っている事業をいう。
45	＊3)	メタルケーブル	心線に金属材料を用いたケーブル。銅などの金属でできた芯線をシースと呼ばれる被覆で覆った構造になっており、心線を電気が流れる。
45	＊4)	光ケーブル	ガラスやプラスチックの細い繊維でできている光を通す通信ケーブル。非常に高い純度のガラスやプラスチックが使われており、光をスムーズに通せる構造になっている。
48	＊5)	クルドサック方式	行き止まりになっている袋路であるが、行き止まり奥の隅で自動車の方向転換を可能なように工夫された道路方式。
48	＊6)	同軸	1本の円形の中心導体とこれを同心状に囲む円筒形の外部導体を配置し、その内外部導体間を絶縁した不平衡通信ケーブル。
48	＊7)	PV管	通信用管路として使用する合成樹脂管。
48	＊8)	CVQ	電力ケーブルの一種である架橋ポリエチレン絶縁ビニルシースケーブルにおいて、芯線（熱源である導体）が独立して絶縁・保護されている1本のケーブルを4本撚って一体化させたもの。（カドラレックス型）
48	＊9)	SV	「ビニル絶縁ビニルシースケーブル丸型」のことで、CVケーブルと取捨選択されながら使い分けられている。
48	＊10)	CCVP（管）	電力ケーブル用耐熱耐衝撃性塩化ビニル管（Community, Communication, compact Cable Vinyl Pipe）で、受口がゴム輪のタイプとフラットなタイプがある。

頁	＊No）	用語	用語の解説
48	＊11）	CVT	電力ケーブルの一種である架橋ポリエチレン絶縁ビニルシースケーブルにおいて、芯線（熱源である導体）が独立して絶縁・保護されている1本のケーブルを3本撚って一体化させたもの。（トリプレックス型）
49	＊12）	共用FA管	通信用のPV管φ150mmに、情報通信・放送系引込ケーブルを通信参加企業の通信線が、企業毎に隔たり無く、混在させた状況で多条収容し、需要家等に対し任意な位置で直接分岐ができる管。
49	＊13）	特殊部Ⅰ型	内部の両側壁に棚を設けて、電力設備と通信設備の双方を収納する桝。
50	＊14）	特殊部通信Ⅱ型	内部の片側壁に棚を設けて、通信設備のみを収納する通信専用桝。
50	＊15）	ボディ管	通信・CATV・音放の幹線ケーブルを収納する外管（PV管）である。内部にはケーブル1条毎にさや管（VU管）が収納されており、さや管の集合体になっている。
50	＊16）	セパレート管	共用FA管の機能とボディ管の機能を、1管に集約したものである。具体的には、管の内部にセパレート板を入れて2室に分け、上室を共用FA管の機能、下室をボディ管の機能を持たせた1管でセパレート構造の通信・CATV・音放ケーブルが入る通信系専用管である。
54	＊17）	ダクト構造	特殊部と地上機器桝を連携し、電力ケーブルを収納する、中空直方体の接続体をいう。構造には、鉄筋コンクリート製、鋼板製がある。
55	＊18）	主要幹線道路	国土交通省が策定した無電柱化推進計画に記載されており、概念的の国県道クラスの道路をいう。道路構造令に定義は無い。
58	＊19）	T-25	設計自動車荷重として25tfを用いるという意味。T-8は、同様に設計自動車荷重として8tfを用いるという意味。
58	＊20）	衝撃係数	設計自動車荷重は、活荷重として位置付けられ、路面の凹凸、車両の加速・減速などの理由によって静荷重よりも大きな影響を構造に与える。これを衝撃と称し、衝撃を含んだ設計荷重については、自動車荷重×（1＋衝撃係数）で定義される。

頁	＊No)	用語	用語の解説
65	＊21)	区画道路	道路の段階構成（幹線道路→準幹線道路→区画道路）で、末端に位置付けられる道路。多くは歩道を持たない道路構造。
65	＊22)	共架	電柱の所有者以外の電線管理者が、所有する電線を電柱の添架スペースを借りて設置する行為。
66	＊23)	高所作業車	クレーンのブームにゴンドラを設けるなどして、高所で作業を行えるように改造した特殊車輛ならびに建設機械。

Ⅳ　施工編

頁	＊No)	用語	用語の解説
84	＊1）	ショベル系掘削機	バケットがブームの先についていて、それで掘削して積み込む建設機械。バックホウやパワーショベルなどがある。
84	＊2）	法面勾配	法面は、切り土や盛土における傾斜の表面のことで、水平線に対する法面の仰角をもって法面勾配という。良好な地盤であれば法面勾配が大きくても自立している。一方、地盤が脆い場合は、法面勾配を小さくしないと土砂崩壊を起こす。
84	＊3）	土留め	壁状にきり立った周囲の地盤や斜面の土砂が崩壊しないために設ける土留め壁。
85	＊4）	クレーン車	巨大なものや重いものを吊り上げて運ぶ機械を搭載した建設機械。
85	＊5）	機械損料	土木請負工事費積算要領（昭和42年7月20日付け建設省官技第34号）に規定されている建設機械の使用に必要な経費の積算方法として位置付けられている。最近は、リースなどにより上記積算要領とは別の体系で価格体系が出来上がっている部分もある。本手引書でいう機械損料は、積算要領に基づくものと、リースに基づくものの両者を含む広義での位置付けとする。

電線のない新しいまちなみづくり
～新設戸建住宅地の無電柱化～

平成21年11月10日　第1版第1刷発行	
編　著	財団法人　道路空間高度化機構
	〒135-0042　東京都江東区木場2丁目17番16号　ビサイド木場6階
	お問い合せ　TEL 03-5621-3151（代表）　FAX 03-5621-3153
	ホームページ　http://www.doukuu.or.jp/
発行者	松　林　久　行
発行所	株式会社 大成出版社
	〒156-0042　東京都世田谷区羽根木1-7-11
	電話03-3321-4131（代）
	http://www.taisei-shuppan.co.jp/

Ⓒ2009　（財）道路空間高度化機構　　　　　　　　　　印刷／亜細亜印刷

落丁・乱丁はおとりかえいたします。

ISBN　978-4-8028-2922-9